春
博南红
U0220966

夏
太平猴魁

金锭
秋
铁观音

寿眉
冬

古韵陈香

紫晨　著

二十四节气茶事

上海科技教育出版社

作者简介

紫晨，本名李辉，复旦大学生命科学学院人类学系教授、博士生导师，现代人类学教育部重点实验室主任，大同市中华民族寻根工程研究院院长，亚洲人文与自然研究院副院长，中国人类学民族学研究会理事。主要研究分子人类学，探索东亚人群起源、进化、适应以及文明肇始和发展的遗传学效应，曾经研究过曹操家族基因等课题，并被《科学》以“复活传奇”为题作专访报道。在《科学》《自然》等期刊发表论文260多篇。出版《Y染色体与东亚族群演化》《来自猩猩的你》《人类起源和迁徙之谜》等科技著作，《岭南民族源流史》等史学著作，《道德经古本合订》等哲学著作，翻译过《我的美丽基因组》等科普名著。在复旦大学开设的人类学课程广受欢迎，获得上海市教学成果一等奖。他从考古人类学和人类表型组的角度研究茶道的史学、科学和哲学，将绿茶、青茶、红茶、黄茶、黑茶、白茶这六大茶类与中国传统文化中的阴阳、经络理论对应，揭示其背后完美自洽的科学原理与哲学规律。其中黄茶据记载是唐代流行茶种，但自五代时期制茶工艺失传。在中国浦东干部学院对口贵州江口县的扶贫项目中，他受唐诗所言黄茶“还是诗心苦，堪消蜡面香，碾声通一室，烹色带残阳”的启发，按照茶道阴阳气脉的原理和黄酮负氧转化的生化技术，用当地唯一的经济产业茶叶，规划指导研发，于2017年春成功复原了唐代黄茶工艺，实现黄茶活血通心或洗肾健髓的中医功效，并获得了中国茶博会金奖。他的《茶道经》一书已于2019年出版。

序

我从事茶学工作已经整整70年了,从解放时一个茶店的小学徒做起,到与上海茶叶学会会员一起宣传、推广茶文化,为中国茶学倾注了一生心血。这70年中,我看着中国现代茶学从开创到兴盛,心中尤为欢喜。年轻时候,我根本没想到,我们的茶事业能够得到复旦大学的几位茶学大师的支持照顾。中国第一个茶学系1927年在复旦大学筹建,1940年复旦大学茶学系正式成立,首任系主任“当代茶圣”吴觉农先生一直是我们业界的中流砥柱。遗传学家、复旦大学生命科学学院的创始人谈家桢院士在20世纪80年代初又帮助我们成立了“上海茶叶学会”,让上海的茶界在科学指导下蓬勃发展。特别还要提起,复旦大学的老校长苏步青先生,对我们上海茶叶学会的谆谆关心,号召“弘扬茶文化得从娃娃抓起”。我有幸亲历这一段历史,感觉无比欣慰。可以说,中国茶学的健康发展,离不开这些老前辈的保驾护航。

这几十年中,中国茶学研究的成绩也是令人瞩目的。各大类茶种内含物质的分析、医疗效果的检测,都取得了可喜的成果。从6000多年前神农时代流传至今的茶,真正进入了现代科学的研究范畴。但是,现在主流观点对茶的认知也让我特别困惑。一位著名的茶学研究专家在讲座中经常提到各种茶维护健康的显著效果,而最后的结论却是“茶不是药”。茶能够治病,怎么就不是药呢?神农发现茶的时候,就是把它作为药使用的。茶是第一味中药,至今还在药典里面,中药怎么就不算药呢?看来,国人对茶的认知,还存在很多混乱,还需要有专业的研究来拨乱反正。

其实,老前辈们也是一直在期待这样的变革,期待这一个时机。吴觉农先生说,要有这样一个人,他“要养成科学家的头脑,宗教家的博爱,哲学家的修养,艺术家的手法,革命家的勇敢,以及对自然科学、社会科学的综合分析能力”(吴觉农1941年同重庆复旦大学茶叶系学生谈话)。可惜1952年院系调整以后,要培养这样的茶学家变成非常艰难的任务了。8年前,学会的江虹蔚接手了朱家角的江南第一茶楼,挂出了复旦大学李辉教授制作的“六脉茶气”图,让我眼前一亮!六大类茶与人体的六根正脉对应,这是全新的认知!相应的保健功效也与科学研究及我们的实践经验吻合,而其中承载的浓浓的中国传统哲学思想,让我不禁想起吴先生的话:“科学家的头脑,宗教家的博爱,哲学家的修养……”

后来,我在谈家桢先生的各种纪念活动中与李辉教授相遇,从谈向东处得知李教授原来从本科时期开始就是谈先生耳提面命的弟子。因为他从本科一年级就开始做科研,所以谈先生特别关注他,经常唤他到家里品茶谈心。谈先生忧国忧民,认为茶学研究的目的是让大众“科学饮茶，艺术品茗，以茶养生，健康长寿”，但是目前的研究离这个目标还很远，对茶的认识存在很多谬误。比如，很多人说“黄茶、白茶微发酵，青茶半发酵，红茶全发酵”，但是，如果只是发酵程度有差异、内含物比例有不同，怎么各类茶的气味和功效有这么大的不同？理论上，应该是由于完全不同的工艺生成了完全不同的产物，而不是因为相同反应的程度不同。这个问题现在很少有人研究了。一老一少的思想碰撞，给李辉留下了一个使命。他在研究生期间师从金力教授做人类进化学研究，在耶鲁大学又继续从事人类医学遗传学的研究。谈先生仙逝以后，他毅然从耶鲁大学回到了复旦大学。我问他，在国外发展好好的，为什么要回来呢？他半开玩笑地说：“美国没有好茶啊！”在我听来，这恐怕不是开玩笑。

年前，江虹蔚转交给我两本李辉教授的书稿——即将出版的《茶道经》和计划出版并邀我写序的《二十四节气茶事》。拿到书稿，我戴上厚厚的老花镜，秉烛夜读，欲罢不能，原来谈先生的猜想被证实了。一气读完，我想说两句话：“要是谈家桢先生看到，肯定高兴坏了！”“要是吴觉农先生看到，也肯定高兴坏了！”

彻底推翻传统认知，这是革命家的勇敢；节气转变与六大茶类的阴阳规律，这是哲学家的修养；茶叶与人体的理化分析，这是科学家的头脑；主动投身云贵的扶贫攻坚，又心系大众的苦病，这是宗教家的博爱。更没想到的是，李辉教授还是位优秀的诗人，整本《二十四节气茶事》都是以诗话的形式呈现的，既有格律诗词，又有现代诗，读来回味悠长，这不又是艺术家的手法么！这个人终于等到了！

今年清明，趁我还走得动，我要和李辉教授一起去西湖边，品一杯龙井，走进春天的明媚里，走进李教授的《二十四节气茶事》里。

刘启贵
己亥初春记于江南第一茶楼

紫晨注：刘启贵先生为中国茶业的发展作出了杰出的贡献。在本文写作后不久，2019年10月9日，刘老先生忽然离世。本序是刘老最后的遗作，谨此缅怀。

自序

九张机 六脉茶道

绿茶凉　　红茶醇
江南烟雨湿晨光　　醅成佳酿出祁门
飞花晓雾人清朗　　新妆何必施丹粉
虎泉龙井　　小姑初嫁
春湖荡漾　　归时有信
梅影雀成双　　桃萼落纷纷

白茶柔　　青茶香
一丝甜意入空喉　　千年古木在仙乡
光华拾尽云天久　　云遮雾绕重峦嶂
金风玉露　　铁岩冻顶
南山谷秀　　乌龙翻浪
嘉获满三秋　　休问几回肠

黄茶绵　　黑茶酥
湘妃有泪莫轻弹　　老僧闲拨紫檀珠
长箫咽咽君山远　　兴亡旧梦潼关土
朝朝暮暮　　泥炉小火
画眉深浅　　金花细雨
心醉在何年　　今夜笑颜舒

茶分六脉，虽皆雅趣，然则功效各异，岂可等闲胡饮。

一年四季，寒暑阴阳，周行变换，而有二十四节气。寒暑应于气温变化之速度，阴阳应于气温变化之加速度。阴阳变势，寒暑积象，各以节气为限。

天地多变，人或逆之而伤，或顺之而养，浑噩而损天命。

安能顺应天时，颐养天年？吾知天道节气之阴阳，而以阴阳六茶调宜人之六脉，庶几无虞矣。前者以《茶道经》述茶之阴阳道理，以承《易经》《神农本草经》《黄帝内经》所创天、地、人之道。其中“八之季”言四季饮茶之准则，然所言惟概，未尽各节各气之变，需另册详述方可明寒暑阴阳变换之理，四季选茶养生之方。

故今以此册奉友，若君能多识一茶，茶能多养一人，则吾幸矣。

目录

竹陰在水
蘭氣隨風

雒越红

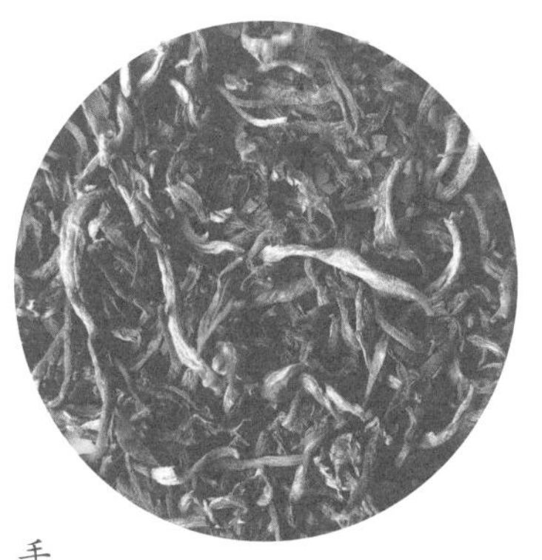

性温

可可香

手少阳三焦经

立春

醉花阴 金芽滇红

十四行诗 神农山黑陶

采桑子 雒越红茶

十四行诗 天书奇谭

一候东风解冻，二候蛰虫始振，三候鱼陟负冰。

春乃一年之始，阳气生发之时。立春节气，天道由阴转阳，饮茶亦须有助于阳气，此时少阳红茶最宜。

而春伊始，阳恰萌，故宜至嫩至新之少阳气，必在金芽滇红中。

醉花阴 金芽滇红

秋月春风茶马渡
烂漫山花语
嫁使迹无寻
唯有青冈　金粉香如故

珠钗从此抛荒树
眼底千年露
霜雪落须眉
望断天涯　更似情浓处

金芽滇红生滇南,可谓红茶中之奇珍。红茶因渥堆深度发酵,成茶多黑红色,唯金芽滇红色金黄,金钗玉坠,形态喜人。因其用料为特种杂交中叶之嫩芽,须毫粗厚,如被金粉。

普通红茶发酵部分在叶肉,而金芽发酵半在其须,须毫反光干涉而使茶红素之色呈金,犹以秋毫积厚而金色最深。是故此品红茶,气在须毫,冲泡之时稍纵即逝,非黑陶壶不可留。

金芽虽色不若别种红茶之深,然出汤色浓味厚,其三焦经少阳气郁,盘桓于上焦,利于海马。上焦如雾,攸思冥冥。通感近于黑巧克力,香而微苦,回味深远。饮之令人生绵绵之情,无处安放之心意。遂思及唐之安华公主许嫁南诏帝未果事。虚想南帝候嫁,深情空付,金钗抛树,乃有金芽乎?

金芽味深,如黄粱一梦也。奈何梦不忍醒。

十四行诗 **神农山黑陶**

说吧　你有多少理由隐藏岁月
为此披上所有离开我的黑夜
说吧　你有多么希望突破味觉
特别是尝尽了生活充斥的苟且

人们说那时你是透明的
可以看清每一种色彩的味道
人们说那时你是开心的
可以舀起每一个远方的拂晓

当你以为一切都不会改变的时候
一切都已经悄悄变了
当你以为历史早已远去的时候
故事却又在转角处开始了

清醒时我在你身上留下一个名字
睡梦中你才能读到它的意思

红茶泡制，最宜用黑陶壶。黑陶四五千年前源于黄河下游地区，在龙山文化时代（距今约4600—4000年，疑为五帝时期）最盛。至今河南、山东多有制作，以焦作神农山为佳。

采桑子 雒越红茶

僮家最爱三春月
花在霓裳
歌在云乡
一种心思在大江

何山采得金镶瑙
风化醇香
雨化红汤
人化柔肠百色光

与智峰兄赴百色调查，于友人韦敏处得一红茶，出自岑王老山，以凌云白毫茶之大种金芽酿成，黑巧克力之气纯美至极，惊艳！惜无黑陶壶可泡，遂携归。数日后品之，其色红润如玛瑙，其香四溢如可可，其味醇正如饮黑巧克力汤，其气柔畅贯通三焦。吾未尝逢红茶有美于此者。未想瑶僮之乡有此佳茗，必记之！

十四行诗 **天书奇谭**

在凌晨入睡却又在午夜惊醒
空间被悬崖压直　时间恢复了弹性
每次灵光一现都会引发鸡鸣
千年的现实陈化作了梦境

我的水桶中吊起一个怎样的蛋
琅琅书声不再是晚钟与诵经
不可能的因果留下可能的荒诞
是妄想起了无尽的刀兵

是我吊起的蛋中孵出了我
秘诀在天书第三十七页的夹缝
从指尖绕到耳后的经络
在思念的茶汤回到指尖与你相逢

你一定要转发这条好运的锦鲤
那一晚的甜梦不会把你忘记

凌云岑王老山

晶粽

正山小种

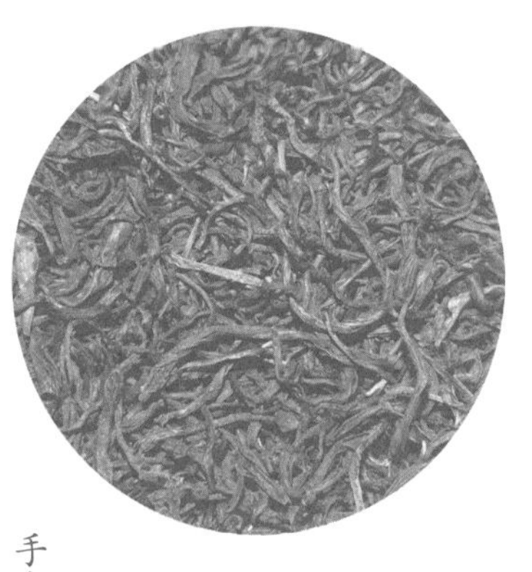

性温

桂圆香

手少阳三焦经

雨水

十四行诗 **正山小种**

小重山 **正山小种**

五绝 **六盏茶·昃饮**

卜算子 **桐木关野山小种**

蝶恋花 **滇红工夫**

一候獭祭鱼，二候鸿雁来，三候草木萌动。

春季属木，万物萌发。木必以水生之，故立春后雨水生，阴阳相当也。胆属木，肾属水，水木相生，肾胆之间，三焦也，下焦肾上腺，中焦甲状腺，上焦脑垂体。故而雨水节气最宜应以三焦经之气。此经主七情之爱，天地万物当令有情。水獭献鱼以求偶，鸿雁来北以育雏，草木萌动如春心起。东西方之人，皆有此感，故西方情人节亦在雨水节气中。

雨水节气，是少阳萌动的节气，是春心滋长的节气。西方的圣瓦伦汀节演化成了全世界流行的情人节，也在雨水节气中，其必有理。这么浓情蜜意的节气应该喝什么茶来应景呢？当然是喝最浓情蜜意的小种红茶咯！最香浓的巧克力味，来自正山小种。

十四行诗 正山小种

我把思念藏在叶脉里
于是三焦中就有了香气
我把期盼酿成了缁衣
每晚的梦中都会有奇迹

巧克力味与这种心情最配
染红了耳根　挑起了右眉
这种感觉开始于无名指的末尾
我们用环志标识这种殊美

春天是湿润的　道路是蜿蜒的
眉间的微汗正点醒了那对青山
在一个转角我被小心翼翼地种下了
我发芽的一瞬间春潮泛滥

共饮一杯红茶吧　这就是我的表白
我把整个春天都发酵成了爱

小重山 正山小种

好借东风去折花
绯红氲碧玉　半遮纱
南轩雨后燕儿斜
缁衣薄　听见有人夸

月动柳梢芽
从来非刻意　恰年华
只因娇俏不可赊
音糯糯　酥软漫天霞

正山小种出武夷桐木关，人指为“红茶鼻祖”，皆曰正山之前无红茶。闽地原出龙凤饼，明太祖以过奢靡故，罢团茶，命作散茶，闽茶遂衰。隆庆间，倭寇作乱，有王师偶驻桐木，山民惊恐，新收之茶未及烘青。待师移驻，茶叶已发酵，急用松木烘烤，佐以他法调味，竟成奇香，为世人争购，四夷求索。

吾未信正山前无红茶也，此说多诡，为民间常见之传奇故事范本。茶未杀青而就地渥堆发酵则为红，乃自然之道，古人焉有不察？然则，近世之红茶，尽自正山始，此事实也。正山之味，经久而一何正也！此茶因取叶小而嫩，发酵度故深，茶多胺满，少阳气足。又因发酵后烘烤，其色深黑，更添阳气。气浓如此，无须茶引矣。饮之如醍醐入喉，奶香、巧克力香、花香一滑而下，交融于胸臆，生热于耳后，令人神情激荡，渐生柔情蜜意，不忍释杯。此种茶气，甜润香糯，有如江南之小家碧玉，无一丝涩味，无半点瑕疵，娇俏不可方物。爱之纯者，有如此茶也！

五绝 六盏茶·昃饮

彤云栖野火
古味宿山村
叶萎香尤烈
泥糙气不分

茶与陶壶乃佳偶也。古之制陶，上溯可近万年。自少昊始，建深窑，添猛火，遂得黑陶。质地如铁，叩之有金玉声，可谓古陶之极也。汉唐之后，瓷器渐善，黑陶几不可寻。近日得滇南黑陶小壶一柄，面糙而胎薄，口宽而盖密，山野中人日常火塘热茶之用。初不觉意，今日午后洗净，欲以冲饮滇红，沸水入壶，气浪穿腾，陶胎变色，竟有闲坐山寨火塘前之感。只觉热气透壁而出，而红茶之郁香丝毫不漏。少顷出汤，色香味凝如丹丸，饮之如彤云贯三焦。固知红茶之气为少阳，烹茶之道当阴阳和谐，少阳当以少阴濡之，烹制不可过热，亦不可过凉。然则少阳气何以彰显，其法难得。黑陶茶具导热性强，透气而不失味，内润而外燥，热火稍纵即逝，善使阳气内蕴而阴气外透，恰得少阳之火候。好茶得善器，其益甚矣。始信古之法能得真味也。礼失求诸野，滇南濮人好茶之俗甚古，留古法至今，何其幸也。

卜算子 桐木关野山小种

悄染水间红　忽见山头碧
莫道南村小纺车　也作千千结

春也戴山花　秋也看山月
何日东郎驾马来　香惹情思切

闽北桐木关乃红茶圣地，山高林密，幽谷深藏。行于深谷中，似被时代遗忘，又若穿越至远古。山是云中翠，茶是小种红。红茶中最正的款式，正山小种，即用桐木关的小叶种茶树的嫩芽发酵而成，滋味醇厚，情思深藏。茶农牧茶于山野，任其与野草杂木共处，以得天然之气。此桐木关之茶所以异于他处者。牧茶年久，遂有逸种，逃于云深不知处。其中不乏奇种，金骏眉其一也。茶农有好此逸种者，搜山采茶，制成一品，谓之野红。其形如小钩千结，其色深浅不一。今试饮之，汤色金红，有白乳浮起。其味香烈，正如红茶少阳气之巧克力味，而又略有青涩。世人皆知巧克力味起情爱之意，此少阳气感也。少阳气入三焦与胆经，恰调内分泌。野红之气沉着下焦，其生情欲之效略急。若谓正山为小家碧玉，则野红如山野村女，性情奔放，敢爱敢恨，若有期盼。野茶自生自灭于山野中，望尽春花秋月，岂非盼君来采摘乎？

蝶恋花 滇红工夫

烽火天涯归路缈
残月浮云　尽自故乡照
驿夜倦栖同命鸟
心如枝上温香晓

荒梦多情天未老
一晌贪欢　已被鹦哥笑
此忆悠悠何可了
绵绵却在杯中俏

明日即是情人节。友人相问，如此佳时当饮何茶？曰：必以红茶佐浓情蜜意也！红茶发酵深透，积聚茶红素，成少阳气，而有浓厚巧克力香。人皆知巧克力可添爱意，其实少阳气之效也。少阳入胆经与三焦经，利于胆汁与激素分泌。故饮红茶，补少阳，可大胆示爱矣！红茶以小叶种居多，其情细腻。而滇西凤山之滇红，独以大叶之芽成茶，得气雄厚浓郁，久而不绝。虽微有大叶之涩，略加柠檬可去之，而香弥深。品此茶，有患难与共，长相厮守之味。遥忆当年滇红诞生之时，乃倭寇入侵之际，国人流离天涯，唯西南一角可栖。冯郑二人为济国难，于滇西做茶，终得滇红而畅销海内外。滇红可谓历经艰难，修成正果。如此因缘，不正是患难真情的写照嘛！

得好友来
如對月
遵義紅

遵义苗红

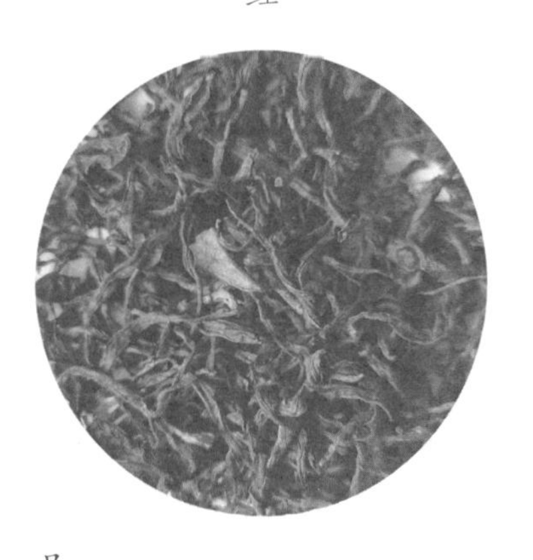

性温

紫苏香

足少阳胆经

惊蛰

五绝 遵义红茶

五绝 龙珠古树红

一候桃始华，二候仓庚鸣，三候鹰化为鸠。

春雷惊起，万物震动，人体从半休眠状态中彻底惊醒，需要一种温暖如春、激烈若雷的气息。

这种气息，就藏在湄潭红茶中。

五绝 遵义红茶

喋血啼鹃色
飞烟烈马香
轻抛脂粉袋
一跃过三江

吕红教授好茶道，分我数泡遵义红以品鉴。此茶出遵义湄潭，该地乃黔中产茶古地，原以绿茶名，自抗战期间浙大内迁于此，始做红茶。近年工艺又进。观此茶，其色斑斓，芽金叶红；其形纤长，宛若修眉；其气香烈，如酒心巧克力。盖因此茶为黔中特种也。试冲饮，竟出汤奇速，如冰释，若喋血，一泄而尽。其味浓烈更甚其气，虽入喉柔顺，然其少阳之气如酒、如烟、如酪、如脂，穿行胆经，毫无迟钝。或因其叶细长而嫩薄，故易出汤。人多谓工夫茶耐泡者为佳，然则此茶易泡，于行旅中更有便捷之利也。此茶之性，如巾帼烈女，不让须眉。此一合其地也！遵义乃长征之转折点，遵义红茶岂非红军之女战士耶？一身是胆，义无反顾！赞兮，茶之烈女正配巾帼英雄！吕教授献身科学，成果卓著，荣称三八红旗手，而独爱此茶，岂无因乎！

五绝 **龙珠古树红**

树老生龙气
山荒育草精
丹成分九子
炉转换三灵

楚君润兰赠我一套新茶种以品鉴，乃滇南友人手工新制。取普洱茶老树春芽，搓制成丸，作生、熟普洱及滇红等五款，名曰龙珠。包装小巧，甚便携于旅行。今日试饮红茶，其香醇厚，其色暗红，其味柔顺，其气入胆，经久耐泡，乃滇红中极品也。此物奇者有二：红茶压制成形者吾未尝见也，其术必异；黑红三色茶皆出自曼弄山古树，因工艺不同而成茶有别。茶之类型品质有别，其因有三：曰树种，曰工艺，曰环境。而工艺必为首因，其次树种，再次环境。同为曼弄古树茶种，杀青后捣晒压制则为生普，杀青后渥堆压制则为熟普，闷发渥红后杀青则为红茶。茶类必先因工艺而异，而不以树种有别。同样工艺，用以不同树种，可出同类茶，而口感有别。故同为红茶，滇西大叶树种成滇红入胆经，闽北小叶树种成正山入三焦，此又细分之也。环境者，可使茶之风味略有小异也。居地阴阳之差，可妨茶气之强弱；土质肥瘠之别，可变茶味之醇涩。故曰：茶类不以环境分而以工艺分。史传，岩茶因生岩砂之中而有岩气，故名。其言谬矣。岩砂土质贫瘠，环境之因也，岂能定茶之种类。岩茶之成，盖因其独特之发酵烘焙工艺，使之成阳明气而多入胃经,气感属土而坚如岩。若同取此茶料,换之工艺,必不可成岩茶。如做成普洱,吾忖之必成,而断无岩味。岩石又有何味?茶树得岩石之味,安能有此理?吾观岩茶名丛,未必尽在岩砂中。尽信书不如无书,读古书不可不察,古人谬者多矣。今制龙珠茶者,擅创新之奇人,精湛其工艺,精选其树种,精制其外形,而精得此妙茶。此亦得于道而不泥于术也,其术必善。

金芽葡红

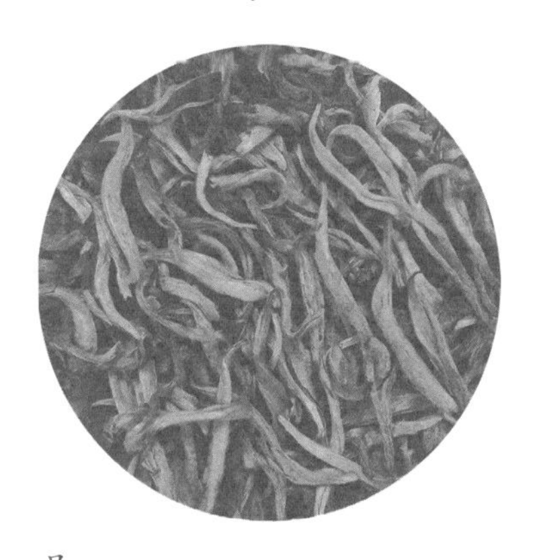

性温

葡萄香

足少阳胆经

春分

鹧鸪天 **博南山滇红**

十四行诗 **博南古道**

一候玄鸟至，二候雷乃发声，三候始电。

此节中，阴阳相半也，故昼夜均而寒暑平。天地之气相交，阴阳之势相抗，寒暑之邪频替，此人所不胜者。故宜以至清至温之阳茶平衡气脉，温阳清减，可以生春。

博南山，滇边两大古茶园之一，为世上最高茶园，其气极清。出极品滇红，入足少阳胆经，利胆之青木性，合于东方震位之雷电所兴。

鹧鸪天 博南山滇红

云断青山雪断天
仰观高处有茶园
因凭汉武英豪气
种出神仙碗上泉

三盏水　一丝烟
沥红肝胆拓南边
收藏无限清凉意
此去逍遥年复年

复旦大学对口扶贫云南省大理市永平县，故有缘再访此地。县域内有博南山，为汉武时开南方丝路，通博南古道，所经绝胜处。山高处多宋元遗种茶树。高寒处茶树难生，今人胆气豪壮，以永平茶人尹何春为首，于海拔2400米处开拓茶园，种云抗、佛香两品系，云断雪遮，乃离天最近之茶园也！县文联张继强主席好研茶道，以博南山高寒茶种制成红茶，其香清醇，汤色金红，入喉滑爽，有金钱草之味。金钱草利胆，此味乃红茶通足少阳胆经之感也。高寒茶园，人迹罕至，不染溷浊市尘，气脉一何纯净也！故此茶之气正味净，世之罕有也！

十四行诗 **博南古道**

在古道上我捡到一声马蹄
或许是石板路的记忆
还有一丝陈年茶香飘起
这些塞满了我的神经间隙

残垣断壁挡不住飞花落雾
荒野林莽遮不了虔心宏图
太阳顺着澜沧流向南方不知处
歌声却如滚滚长江而东渡

这一杯啊　满满都是故乡
我驮起它走向欣赏它的远方
当你听到水中有人在歌唱
那是我的灵魂在为你编织梦想

两千年时光填着瓷杯丝帕和茶汤
是我想给你所有光亮温暖和清香

博南古道在林莽间穿行了两千多年，至今石板斑驳，古迹犹存。在古道旁有个永国寺，是明末永历帝的行在。因李定国在此取得了一场抗清胜利，永历帝大喜，以帝帅二人名号各取一字，改古寺为“永国寺”。寺旁有古茶树数棵，基盘直径近一米，恐为汉末遗种。我们采摘古树的嫩芽，以深度揉捻并深度渥堆发酵的方法，做出了带有浓浓葡萄干香味的金芽红茶。这款茶极为耐泡，有时二十泡香甜犹郁。茶汤金红明亮，回甘越来越浓，茶气直入胆经。胆经是十二经络中最长的一条，从耳前出发，在脑侧绕行三道后，下行穿胆至足。很少有红茶能走全胆经，而这道葡萄香的红茶就可以稳稳地走通整条胆经。葡萄干的香味，应是发酵产生大量的葡萄酰胺之故。这道茶，我们定名为"金芽葡红"。后来我们又在勐海开发大片古茶树，精心酿制，同样做出香甜的葡红茶。看来普洱古树为红茶，至极须为葡香。

心
自
安
12
13
14
15
16
17
18

君山金砖

性热

山楂香

足少阴肾经

清明

少年游 君山金砖

十四行诗 君山金砖

一候桐始华，二候田鼠化为鴽，三候虹始见。

这是一个烟雨蒙蒙的时节，是一个阴阳相交的当口。桐花开放，少阴气上顶也。牡丹开放，少阳气下行也。少阴之田鼠，化为少阳之鹌鹑，阴阳相交相化之意也。

阴阳相交则烟雨生，湿气盛。此时人体需排水解忧，通肾之少阴黄茶，君山金砖最宜也。

少年游 君山金砖

君山起伏滟波间
细雨楚江天
湘妃有梦
龙姬无怨
泪苦水清涟

轻舟直下淮扬去
白鹤早随仙
解释春风
消融秋月
心自此时安

黄茶乃茶中最小众之品类，人多不知。虽有君山银针之盛名，然则知其为黄茶者罕也。黄茶须杀青后包发，温湿氧都需恰到好处，使积茶黄酮，而成少阴气，午时饮用最宜。

我有君山金砖一块，置书柜中多年矣，未曾思及。今日嘉客来访，言及茶道，不知黄茶何味，一时兴起，试品黄茶。取一角入白陶壶，沸水略晾即冲，片刻白气升起如鹤，其嗅若山楂黄精。白鹤黄精皆少阴气也，唐人取君山白鹤泉水烹之，则白鹤气形最佳。于是急出汤，色金黄如浆，初入口略苦，即感热流直上脊背，于肾中鼓荡。第二杯时，苦味略减，而回甘愈浓，然饮者渐觉饥饿难忍。我取糕点分食方安。皆谓黄茶消食，然则茶黄素并无消化之效，甚惑久矣。今试饮方知其言不虚，其虽未消食，实则通肾，应是消排血糖，血糖低则饥饿感顿起。去血糖则血脂不积，故亦强心。

此少阴气通心肾之理乎？若午餐时饮黄茶，则血糖即起即消，不使累积也，食而不肥，岂非妙哉！憾者唯其味苦，试加山楂干一枚，以中和苦碱，并黑枸杞三颗，一并引导少阴气。果然苦味尽消，其气愈盛。

黄茶之妙，几尽矣！昔时唐人爱之，文成公主入藏必携，后唐明宗惊于白鹤之气而令成贡，此好岂能虚乎？惜世人苦于其味而渐远之。

老子曰，圣人恒善救物而无弃财。世间之物皆有其弊利，唯善救者得之。

十四行诗 **君山金砖**

沙子堆成的塔试图通向天堂
春风涨起的浪已经冲起黄沙
长江生了两个肾和一个膀胱
这一个肾脏连梦都要被蒸发

我就从那个古渡口向你荡漾
我就乘着云雾飞上最高山峰
当你找到那个井口通向故乡
所有哀怨的绳结都将被放松

来吧　来吧　这里还有什么不能转化
舌尖上亲情和友情开出爱情的花
那一滴滴苦泪被甜甜的蒸汽升华
竹林后种下一个故事发出无数芽

我困顿时你却总告诉我要放下
在这杯金汤中我才听到了真话

岳阳君山

白牡丹

性凉

乌枣香

足太阴脾经

谷雨

五绝 白牡丹茶

十四行诗 太姥山白牡丹

十四行诗 谷雨(其一)

十四行诗 谷雨(其二)

十四行诗 谷雨(其三)

一候萍始生,二候鸣鸠拂其羽,三候戴胜降于桑。

雨生百谷,播种的季节到了,在春雨中万物舒展。浮萍,在水面上漂浮的阴性植物,可以萌生。布谷,从山中出来的阴性鸟类,展翅啼血。戴胜,筑巢于土中的阴性鸟类,栖息于充满太阴肺气的桑树上。

这就是这个时节天地阴阳之气变化的状态。太阳气入于地,托太阴气起于天,因而地暖天凉,谷生雨降。人体宜托太阴气,使脾气顺,肺气畅,一壶白牡丹茶最佳。

五绝 白牡丹茶

香满溢成风
色浓淋作雨
无缘卧牡丹
露湿阑干处

白茶出闽东之太姥山，传为尧母修行得道，为救民于麻疹瘟疫，做此茶汤济世。今研究基因谱系，尧帝似为炎帝神农氏一脉，传茶之道在其理，故以为此说正宜。白茶既以免疫之效，作药而传，非似他茶以艺而名繁，故多仅分三类。早春初芽所制为银针，夏秋末叶所制为寿眉，而晚春一芽一叶所制者，雅名之为白牡丹。寿眉者，入足太阴脾经，脾为淋巴之钥，故可强免疫，尧母因以救民也。银针者，入手太阴肺经而宣肺止咳。唯白牡丹，在手足肺脾之间也。芽长于叶者入肺经，叶长于芽者入脾经，皆以白牡丹名，恐误民也。吾欲以肺经白牡丹改称银簪。而脾经之白牡丹，与脾经之寿眉亦不同。寿眉之气多在左，而为脾脏所收，内调淋巴。牡丹之气多在右，而外发于肤发，解表祛疹。饮白牡丹茶，体侧温热，皮肤汗湿而清凉，口咽溃疡即销，周身红疹速平，此非妄言也，试之即知。

十四行诗 太姥山白牡丹

去年那一场晚到的春雨把我唤醒
我抖动眉毛落下月光如霜
夏日将临　山间的日子还有点冷
可枝干的心中已点燃了渴望

你的目光宛若一泓清澈的山泉
你为我停留时我的心跳也忽停
我让山路盘旋总能通到我的眼前
我让云雾飞散总能现出你的身影

任你采摘是我的真心
一日日的晾晒也变成美丽的期待
九尾鲤鱼昂首歌唱的声音
在一川烟雨中被编织成未来

我的美好依赖你的爱而存在
你的阳光都会化成我浓浓的情怀

十四行诗 谷雨(其一)

有时候谷子也会哭泣
因为文字记录了它的心情
这是一个烟雨蒙蒙的春季
你却睁开了四只眼睛

就像鸢尾梦想飞天
绶草纠缠着荣耀
还有沉迷在碧波中的睡莲
和洋溢着欢乐香味的含笑

根本不敢挖掘名字背后的故事
那一声惊喝唤醒的时代
法术已经失控成口口相传的史诗
我轻声呼唤着新物种期盼未来

可是年年此刻谷子的泪都无法停留
是我呀　我呀　我的名字早已被偷走

十四行诗 **谷雨(其二)**

并不是每一颗种子都能发芽
并不是每一滴雨水都会落下
可我就是这样播种春日烟霞
也这样用心浇灌一朵牡丹花

收起雨伞抛掉雨披
我敞开了一片亟待发芽的土地
享受春日最后的一丝雨滴
大地在颤抖　伴随着急促的呼吸

是谷子等到了雨　还是雨遇见了谷子
当视线相交就再无需任何转角婉辞
难道还须给爱添加什么注释
最后一个节气里春天已决堤奔驰

三生三世之后　让我再为你煮这壶白茶
勾芒啊　雨水流淌　谷子萌发　生命已融化

十四行诗 谷雨(其三)

我想说没有两场雨是一样的
比如半个月前的那场愁死人
而今天这场已种下几个意思了
包括我又开始了一圈新的年轮

而且连方向可能都相反
杏花和心情一起落下
茶芽却与思念同时向上伸展
所以雨伞到底该往哪里打

难以置信古老的民族住在新的地层
过度的热情回报以苦涩的初心
我用耐心轻轻地浸泡着相逢
一丝清甜从明天传到如今

回望山峰却是天空的幽谷
雨下了很久而我们干渴如初

朝朝暮暮思难尽
只是君心不可猜

碧螺春

性寒

枇杷香

手太阳小肠经

立夏

十四行诗 碧螺春

定风波 庚子年碧螺春

五绝 六盏茶·晨饮

一候蝼蝈鸣，二候蚯蚓出，三候王瓜生。

蝼蝈、蚯蚓，此二阴虫见阳而伸。王瓜，藤蔓盘曲，应阳而长。

立夏之时，太阳之气初盛，心火易燃，需以太阳寒厉之气镇之。碧螺春，手太阳小肠经绿茶，性寒，主思。小肠经与心经互为表里，可制心火，三思而行。

十四行诗 **碧螺春**

转过那一湾水可以踏入天空
穿过这一条巷可以听见花香
我有一千个奇思妙想留在水中
还有一座青山藏在这条浅巷

总是用记忆模糊历史
总是用个性假装才华
有多少自以为是强迫人以为是
蜷曲的时光我独自珍藏一种无瑕

千回百转之后才让你的心听见
我想象出的浓香莫将你惊吓
化身满城飞絮播撒成一个春天
如四百年前你唱醉的桃花

打开盖　那一滴水声让柔肠睁开眼
关上门　一庭鸟鸣都是当年的洞庭山

苏州东洞庭山

定风波 庚子年碧螺春

说与青枝不老心
麈尘偶梦迹难寻
谁个轻衣春雨里
常记
亭亭孑立到如今

踏遍东山桃已笑
何料
香茶浅水影将深
一袭痴人千片雪
情切
风烟饮尽醉花阴

昨日好友邢伟英专程遣人送来今年会老堂极品碧螺春，曰数年来唯今年最佳！按《黄帝内经》原理，应是庚子流年正利于碧螺春。今日辰时于复旦茶室品此绿茶。开盒即见茶毫如积雪，香若枇花。以节流滴注，九次注水冲泡，满壶飞絮，一川烟雨。碧螺春主产于苏州洞庭东山，性寒味甘，入手太阳小肠经，提神醒脑，通畅思绪。此款碧螺春，茶气温润香甜，凝聚不散，流动柔和，如少女柔荑，如春风拂面，妙不可言。久饮，满口枇杷香甜，一身神志清明。茶之善，观止矣！

五绝 六盏茶·晨饮

晓风清澈气
新盏碧螺春
将饮时来雨
添杯候故人

邢伟英赠我其女于日本亲手制作的青花茶盅，色料古朴，质感极佳，清晨盛其东山精舍所出碧螺新茶，杯茶两相宜。不时有雨，雨声瓷色茗香，雅韵蓦然，唯欠佳友。旋思此感之源，应于绿茶之太阳气。绿茶以得阳气至甚之欲萌芽尖作料，或烘或炒，封太阳气于茶中。饮茶之道，阴阳相谐。故绿茶冲饮之时，非至阴之气不可解之。水温宜低，杯色宜冷，时辰宜早，恰逢细雨则阴气更佳。采太阳气，通太阳脉，滋养脑肠轴，则神清气朗，思绪顿开，百感交集。故曰茶者天时地利之物也，绿茶尤甚，种茶、采茶、制茶、饮茶，无不凭借良时，以达太阳气至极之片刻。碧螺精舍之春茶，只取东山阳气汇聚之谷，明前五日采摘之芽，绿茶之精可出其右者罕矣。

龙井

性寒

蚕豆香

足太阳膀胱经

小满

五律 狮峰品龙井

十四行诗 海上乌牛早

捣练子 象山天茗

七绝 嵩雾一叶

一候苦菜秀，二候靡草死，三候小暑至。

苦菜属菊科，性阳，天火同人之象，感阳盛而绽放。靡草阴生而柔细，十字花科，水地比之象，不胜阳盛而死亡。

此节气中，人体阳气小满，各种营养过剩，则需膀胱排泄。若阴气不泄，则积淀为瘤。通膀胱经之茶，无出龙井之右者。

五律 狮峰品龙井

江南春色满
浮日若吴歌
夜雾龙狮舞
晨风十八棵
万峰周紫御
一井四山遮
孰信云巅意
流成瀚海波

《二十四节气茶事》将杀青，幸邀上海茶叶学会刘启贵老先生写序，刘老兴高，一夜三读，翌晨来讯曰：诸茶皆备，独缺龙井，何哉？且龙井者，国茶之冠也，安可不录。对曰：吾尝龙井不可谓不频，然则所源多杂，其味焦苦而性寒，未见其佳。国茶之冠，吾未遇其真者，不敢贸贸然而造次。刘老叹道：一何易也！择日过西湖，上狮峰，共尝真龙井！始有此行。

于是，今日凌晨虹姐载刘老，与我共赴龙井村。龙井圣手戚国伟大师知吾等来，早待于茶室。

初者，茶艺师取茶添水，沸水直入，吾试品，未见奇。遂曰：我将自烹。戚大师抬指曰：稍待。转身取出一罐，乃其亲制之御品也！众肃然！

吾观其茶，芽直而扁如雀舌，叶底淡绿，而上覆黄斑几满，醇香如早春豌豆之气漫溢。乃小心翼翼投茶送水，以三段分时入水，水滴杯壁，不使水烫茶老。刘老曰：善！此绿茶正法也！戚师含笑不语。众人举杯，谨然而品。皆叹曰：未有鲜爽甜润如此者！然于我更有奇感，一口入喉，而双目睛明穴起热流二道，直冲头顶，而后分为四道过背部，入股胫之背，收于跖外。自上额至足跟，汗流如注！此气如蛟龙，如雄狮，如夏初之朝日，如长谷之晚风。竟一时失言！须臾气缓，言此感，众人皆叹，固此，虽未有我明细者。乃述太阳绿茶入足太阳膀胱经之理。商会秘书长赵宏权先生闻之大喜，曰事于龙井一生，始闻此言，乃知其真，观止矣!不若共上狮峰一观其气?

狮峰乃龙井村后一嵴，在群峰环绕中，村如置井底，嵴若井阶，向北而上，如雄狮昂首，肩耸腰垂。背脊之上，遍植茶树，此极品龙井所源也。嵴右有一溪，水流湍急，绕嵴而下，氤氲缓起。至狮尾有一泉，雕一石龙口出泉水，落入下方小井中，铿然有声，是谓龙井。井前有圃，生龙井原种十八棵，曾得清主乾隆御封，名声盛极。

此山之势，前屏后座，左挽右抱，气象万千。水自右出而向东南，此气位之正也！中有龙脊，自北而南，此固四野之气汇聚之所，而受日月精华浸洗，所生之茶岂非仙品？而龙脊之穴在狮尾，乃有十八棵也！

噫！神品之出，岂有幸乎！吾初品龙井茶而知其气阳盛之极！此固戚大师工艺精深之造，然其料之美，又非天时地利而不可得。故狮峰之神品不可再也！刘老曰一何易也，我曰一何难也！

十四行诗 海上乌牛早

这座山已经怀孕三亿年
每日清晨思绪都忍不住奔流
土层中挤着密密麻麻的石蛋
脉搏慢慢消耗岁月的坚守

我在浪涛声中沉睡
又在春风香里苏醒
我在渔歌唱晚中迷醉
又在冰火交融时清明

夜里的海水扩张着边界
迷雾升上人间时鱼儿顺流而上
挂满每个枝头任你采撷
龙宫的秘方需要调配六克月光

又是这头老牛牵引了天与海的姻缘
塞满你背囊的是我每秒寄出的信笺

象山大金山

浙江象山渔民久食鱼虾,蛋白质过剩,嘌呤积累,饮用通膀胱经的绿茶象山天茗,则可一泄而尽。海岛山坡上的乌牛早茶树,在海气蒸腾中产生特殊的优异品质,二月即采,谓之社前茶。做成的茶叶芽头肥厚,四五芽尖积聚一芽中,如鱼展鳍。上有浓厚白毫积聚如棉,成茶若青鱼穿浪。饮此茶,膀胱有碧波涌起之感。

捣练子 象山天茗

飞紫雾
漫红霞
一树珊瑚发翠芽
莫道龙宫无甚饮
浪花折得做新茶

浙江象山素有“东方不老岛,海山仙子国”之称。其东临海有一山高耸入云,曰“射箭山”。山腰有茶园,产绿茶“象山天茗”。其料用芽尖,四五小叶紧裹芽上,甚厚,形如春笋,又若珊瑚。今有新茶寄到,欣然品尝,觉气甚清香,味似“嵩雾一叶”而有海气。因其叶厚筋强,其太阳气下行而入膀胱经,似浪花飞沫。此茶乃海上仙茶,吾不知何以谓“天茗”,当为“龙宫珍茗”也!

七绝 嵩雾一叶

春山可勒青松笔
秋水堪描满月灯
只有浙东云雾里
烟岚海气一杯生

嵩雾一叶乃浙东象山海边特产之绿茶。有学生家住象山，前往家访，得品此茶，口感惊异，有海风之味。兴之至，往探茶园，乃知其尽在黄避岙海滨丘陵之巅，夜起浓雾，至未时而稀，为海气山岚相合而成。登至山顶，众人皆已鬓发全湿，而不觉其寒，忖之或因海气味咸性温。茶园得海雾雄浑之阴养，成绿茶太阳气之异种，亦可谓浙东之山海奇观也。绿茶多寒凉，而嵩雾一叶饮之不觉寒气，乃其气在太阳脉，丝毫未漏，此得其地利也。此茶气走膀胱，如春山流水，秋海生涛，温润含蓄，盈盈可人，却又令人有胸襟开阔，起海纳百川之气。噫！绿茶虽为一类，而各有千秋，天地造化，于茶中亦蔚为壮哉！

黔绿珠

性寒

蚕花香

足太阳膀胱经

芒种

捣练子 黔绿

一候螳螂生，二候䴗始鸣，三候反舌无声。

螳螂、䴗（伯劳鸟）皆阴类，感微阴而或生或鸣。反舌（乌鸫鸟）感阳而发，遇微阴而无声也。

芒种之际，夏已至，之前艳阳日多，而芒种忽阴，多雨，至阳之中一阴之发也。至阳则阴阳不和，与人无益，须以阴雨调和。黔绿，足太阳膀胱经之气沉，饮之如阵雨落潭，乃调和至阳节气之佳品。

捣练子 黔绿

溪底月
峒边风
误入桃源梦境中
忽醒雷绵香若雨
落花春水一重重

绿茶品类最多，为茶中受众最广者。然则绿茶以何为佳者，众说纷纭，人多莫衷一是。茶之善者，其气当纯正刚猛。一斤青料至多可成一斤之气，若采摘无时，技艺有失，则耗损其气而弱。气至之时采摘，迅速封干于茶中，则曰气猛。不使霉腐，不染杂气，则曰气正。成气单一，专入一经络，则曰气纯。若气不纯，则饮之经脉乱而身伤。故茶以气之纯度分四等，一等气入单经，二等气游同脉之手足二经，三等气混两脉，四等阴阳不分。心经之梵金髻、小肠经之碧螺春、大肠经之铁观音、三焦经之正山小种、肺经之白毫银针、脾经之寿眉、心包经之古韵陈香，皆属一等。绿茶采芽尖者，气至清而升入手太阳小肠经，此皖南之茶常有。叶老气沉，方可尽通足太阳膀胱经。然则叶既老，气多已失，难成好茶。故气沉之绿茶难觅。

黔东梵净山，中国最好之自然保护区也，山高云深，雾浓日昃，茶树生长缓慢，二叶出而气未散，方得下沉之太阳气。为封其气，茶工揉炒成珠，故茶色墨绿，谓之绿宝石，此黔绿也。有奇香若豆，回甘似桃，饮后生落花重重、春水绵绵之感。碧螺、龙井、猴魁、黔绿，绿茶佳者我今知此四也。

讀史
吟詩

太平猴魁

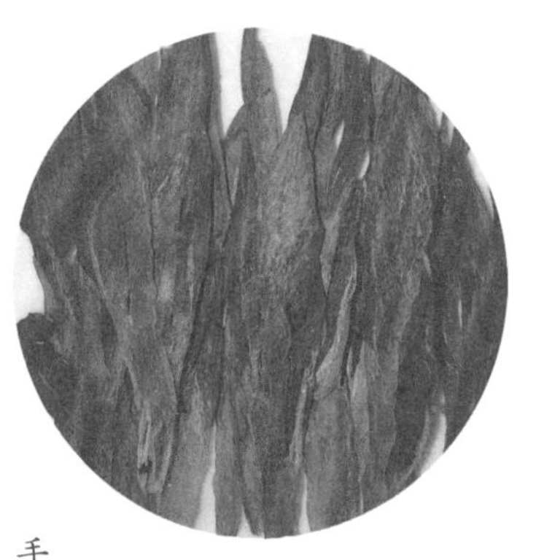

性寒

胎菊香

手太阳小肠经

夏至

柳梢青 太平猴魁

五律 舒城小兰花

一候鹿角解，二候蝉始鸣，三候半夏生。

这是一个阳至阴生的节气，所有阳性的东西骤然没了根基，阴性的东西茁壮萌出。阳性的鹿角蜕落下来，阴性的蝉开始欢唱。至阴之草半夏一株株地亭亭玉立，用喇叭向天宣告着。

这个节气中，人体也走到了阴阳相交的状态，阳气无以为继，往往神志衰弱，小肠气虚，胃口欠佳。最需要的，是一泡清清凉凉的茶中至阳的猴魁清汤。太平猴魁出自黄山猴坑，有着最特别的外形，宽宽长长的简片，吸收了最多的太阳气，是阳气最盛的太阳绿茶。

柳梢青 太平猴魁

日暖花颜
香烘青筒
欲语无言
夜洗愁肠
晨消心结
风过幽兰

为谁寻遍人间
此生短
差池不堪
种爱成魁
瘗猴为荫
梦付黄山

年后上班，学生携来茶点，香甜可口。于是相坐谈心，辰时宜饮绿茶，算太平猴魁可配此景。猴魁出于黄山下之猴坑，为烘青绿茶。因其芽叶长而嫩，烘制之后，不卷不翘，平直如简，形态最为别致。绿茶寒，就茶点可免伤胃。绿茶气属太阳，当阴种阴藏阴泡，以合阴阳相生之理。

猴魁树生半阴半阳之山谷，云雾遮蔽，谓之阴种；收放须密封干燥阴置，冷冻最佳，谓之阴藏；冲泡须水沸之后稍待片刻，待其略凉，高处滴注入壶，以免过高水温破坏绿茶中鲜活成分——使咖啡因释放过快，此谓之阴泡。得此三者，猴魁所以成绿茶之魁首也。其气若幽兰，游荡周身，有郁结尽忘、豁然开朗、清洗心魂之感。盖太阳气入小肠经，激发脑肠轴，分泌脑肠肽，可清毒理气，提神醒脑之故。

学生言及人生困惑，不知所爱何事，所行何向，然则品茶讲古之间，郁气渐消矣。人生既短，即执即爱，即爱即执，何怨之有？譬如猴魁，若非所爱，何能成魁？间又想起猴魁之传奇，曰有母猴失子，遍寻不得，郁亡猴坑。有叟怜而瘗之，植茶树为之庇荫。亡猴报其恩，使茶树成奇品。此说固怪诞，然则深得猴魁以至阴气养其太阳气之道，又喻其解郁之效、厚爱之情，岂不奇哉！

五律 舒城小兰花

故友归乡野　捎来一片霞
云齐山抹翠　露冷叶开花
独饮思难歇　回看气自夸
我虽居闹市　香起隐仙家

数年前研究曹操家族基因，得识舒城曹君佑平，乡里高士也！虽执商贾为生，然有好学向道之心，考察研究，修志编书，不亦乐乎。舒城有好茶，曰小兰花，曹君年年赠我。此种绿茶，其味柔性平，芳香雅致如兰，太阳气温润而入小肠经。饮之如沐春光，令人心静气和，灵台清明，文思敏捷。故我独处之时，爱品此茶。空谷无人，兰气自香，甚合君子慎独之意。

小兰花茶之兰香，于诸茶中亦可为异者。古人不知所以，多有故事以解其由。皆曰其种唐时得自齐云山蝙蝠洞外，因得五灵脂、夜明砂之滋养，而成幽香。然则小兰花茶园甚广，何得如此多之五灵脂以膏土而兰气未有稍减也？故小兰花应有五灵脂同类之芳香物质，或为焦性儿茶酚之类。此物入口，正气清灵，使人不骄不弃，慎独自爱。

源古之士，终其生而求雅训。或在庙堂之高，或在江湖之远，皆不失其志，不乱其行。其节如竹，其气若兰。今有茶雅如此，当飨之于天下慎独之君子也！

梵金钿

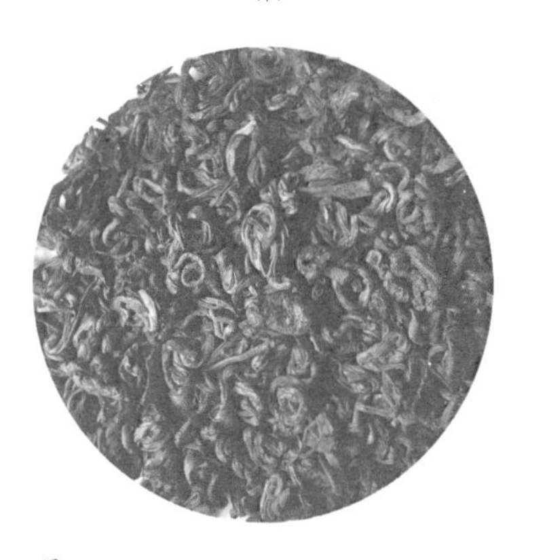

性热

睡莲香

足少阴肾经

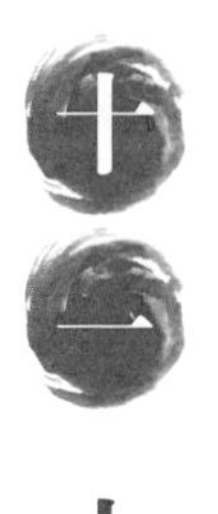

小暑

醉花间 霍山黄芽

五绝 六盏茶·午饮

一候温风至，二候蟋蟀居宇，三候鹰始鸷。

此节气，出梅入伏，暑热猛至，消暑降温乃首要之事。蟋蟀与鹰皆肃杀之物，此时肃杀之气初生，须以柔克刚，故蟋蟀穴居壁中，雄鹰翔飞高天，以避暑气，以蓄阴肃。故而此时最需静心。以微凉气入心经之茶，当属霍山黄芽。

醉花间 霍山黄芽

风吹落　风吹落　无数春愁却
花与月轻眠　不合金钩错

将心悄挂着　好使流光琢
青天若有情　莫令霜斑驳

霍山黄芽出于安徽霍山之大化坪，唐时为绿茶，至明起作萎黄工艺而成黄茶，其芽若金钩。

今世之黄茶品类甚稀，丙申年制成梵净山黄茶之前，我仅有君山与霍山两种。月前同日试饮，觉君山之少阴气强劲，而霍山似与绿茶无甚异。遂疑其未必可为黄茶也。今日有友人送来云南鲜花饼，坐而共品，忽觉或可就霍山黄芽。便取之入壶，以山楂干一片、黑枸杞三颗煮水冲泡。待出汤，色泽金黄透亮，甚喜。品之，果然气感与前日不同矣，泠泠然生于小指而入于心，如春风稍起，霜花悄消，乍暖还寒，欲放含苞。

黄茶得少阴气，清者上行于心经，心经与小肠经互为表里，自小指入心或二气合也。君山叶老而气沉，霍山叶嫩而气升。果不其然！前者与君山同饮，为其浓气所盖，虽心经或有感，而未能识霍山之清气也。今日食鲜花饼，红果香气甚郁。红果与山楂皆蔷薇科植物，入心经，或因此而忆起霍山之味。气感之神妙，难以置信。世人求爱何以用玫瑰，因其气通心乎？

霍山之气,起于梢末而入于内心,有欲言又止、若即若离、难以释怀之感。与友论此气,因谈及爱之纠结,何其相似也。分合虽有缘,放下何其难,既然曾共度,可忆作遗怀。人常轻言放下,其实既然拾起,何必放下,放下无所得,持之或可雕心。故黄茶少阴气在心经,其路短而促,若放下,则流入小肠经而多愁思;若收起,可入脾经而运化。

莫放下,不忘初心,吾尚为赤子也。

五绝 六盏茶·午饮

花容和月色
夜曲浸杯纹
日晚承新露
余香犹醉人

好友许春赠我五彩茶杯，彩绘精致，瓷色宜人，用以午间饮黄茶，茶与杯皆醉人。君山、蒙顶皆出黄茶。黄茶之名，世人少知之者，只谓其与绿茶稍异。犹五彩之于粉彩稍异，而世人多知粉彩。更有茶友问我，黄茶比之绿茶，仅半干之时多一道包闷发酵而已，何加焉，而独成一类？殊不知，黄茶与绿茶，味觉虽近，气脉迥异。杀青后包闷氧化之法，使茶中生成茶黄酮，而为黄茶。绿茶气走太阳，而黄茶气走少阴。然则五官无以感气者，何以辨之？曰通感也。人皆谓爱情如蜜甜，爱非味觉，其感可通味之甘者。营气之入体，必有所觉，如品同类营气之物，敏感者自然比之其味，而成通感。枸杞富有少阴之气，故少阴气通枸杞之味，黄茶入口有枸杞味者为上品也。绿茶则断无枸杞之味，而呈胎菊之味。盖略一发酵，其气迥异。绿茶太阳气之极，阳过则阴生，故黄茶成少阴之气。午中阳极而一阴生，宜饮之，入心肾。入口有心动之感，神醉之意，皆通感之妙境也。

白毫银针

性凉

梨膏香

手太阴肺经

大暑

念奴娇 大暑独品银针

生查子 太姥山绿雪芽夜品白毫银针

十四行诗 外婆的白茶

五绝 六盏茶·晌饮

一候腐草为萤，二候土润溽暑，三候大雨时行。

这个时节暑气最盛。虽然一年中阳气巅峰已过，阴气渐生，但是暑热继续积累。大暑处太阳气之极后，阳极而成阴，方才有金秋太阴气。故而阴萤生，阴雨忽降，阳极生阴之意。

大暑处最易中暑。暑者闷也，在背则火不出，在肺则气不畅。应天时之变，宜用太阴肺经正气调理。太姥山白茶白毫银针，气走肺经，清凉润肺，排除暑热之气，无出其右矣。

念奴娇 **大暑独品银针**

蝉鸣声竭　渐销暑中气　虽添浓绿

珠结碧纱还独坐　几盏淡茶应足

前念匆匆　后思脉脉　一驻千般欲

更难收处　可随秋去鸿鹄

送我风雨来时　艳阳高地　过尽潇湘竹

忽也鲲鹏居北海　忽也终南山鹿

梦是悠悠　行常碌碌　解得人间毒

银针杯底　暗余豪气斟读

生查子 太姥山绿雪芽夜品白毫银针

绿雪漫青山
悄化春时夜
一声流水弦
忆起西窗下

带雨寄佳人
元是多情惹
却又赖东风
送尽痴心话

太姥山为闽东奇山也，相传因尧母于此养茶升仙而得名，今独出上品白茶。今日因众茶友茶山行之缘，赴太姥山绿雪芽白茶基地观新茶。绿雪芽为白毫银针之古称，成茶之时，嫩芽新绿，白毫如雪。白茶炮制之后，生太阴气，银针嫩而气清，上行入肺经，饮之使人肺气通畅，气长言多。绿雪芽之银针，品质绝佳，回甘竟有炖梨之味，此其气润肺之效也。其感如春雨润物，如东风送暖，温言濡濡，恰赖东风相寄。

紫晨
庚子夏

十四行诗 外婆的白茶

母亲的寂寞写在春夜的线脚里
夜雾　太阳　柳絮　都是漆黑的帘幕
只有一支细笋穿破年轻的回忆
透进幼时那一枚雪梨的香熟

我听到马蹄声踏着蝴蝶的宿梦
我记得白茶盅接到故事的尾声
我酿成小确幸斟入日历的酒盅
我走近金针菜闻见久违的欣幸

这一个端午能否推迟十日
让思念积蓄赶上箬叶的烹蒸
言语被大雁偷换成浓浓的汤汁
有种爱把时光和眼泪密密补缝

当这枚银针滴入春夜的凉风
满月已经被纫在夜色的正中

福鼎太姥山

外婆年年用心和爱亲手做一批古法银针太姥白茶，闻之若粽叶新蒸，饮之如鲜沥初淋，沁人心脾。清凉又温暖，毫无违和感地共存，妙不可言。今日识之，惊觉乃梦中寻觅之极品太阴白茶之味也！太阴之真谛，于外婆手中也！

五绝 六盏茶·晌饮

竹月听流水
松风落翠烟
好茶当此刻
闲事放杯边

虹姐赠我新制茶盏，蓝釉如松下清风，补银若月光流水。以盛上好白茶“景谷月光”，杯中若浮蜃气幻影。午前啜饮，茶香沁脾，闲愁尽化，物我两忘，竟有竹林归隐之感。白茶有太阴气，健脾通肺，使胸臆尽开。或曰虽有美器，于茶何增一物焉？然则雅士之饮茶，取气以养身，感意以修心。美器之佳色，与茶香汤味，交感入神，于心之补益甚矣！

铁观音

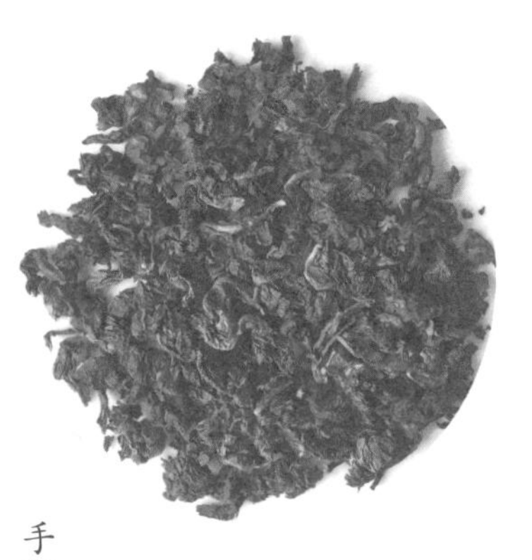

性凉

木兰香

手阳明大肠经

立秋

七律 **铁观音**

清平乐 **向晚与儿饮极边乌龙**

荷叶杯 **梵境青**

五绝 **梵净山古树茶**

一候凉风至，二候白露降，三候寒蝉鸣。

立秋日，阳气半衰，而不足以积为暑，故而天始转凉。凉风至，暑气消也。白露降，金气出也。寒蝉，蝉中之青色者，生于暑而少鸣，立秋后，感凉而鸣，遇阴而声变也。

阴气自夏至之后渐升，而阳气尤多于阴气，暑气尤积，至大暑为极，至立秋而方减。人于立秋日，需保阳气。人之阳气曰阳明，青茶有之。青茶属木，可导胃土之暑湿。夏日肠胃多积腻，至秋须清排。故此节气中，阳明气以保人之阳气，青气以克肠胃中湿土，大肠经气以排积腻，手阳明大肠经青茶全矣。中以枫凤山之古法铁观音为最。

七律 铁观音

一片春风金玉盏
千湖碧叶海天光
周身紫气阳明指
满面寒烟般若香
仿佛三生花锦簇
须臾百世梦空荒
何为执着无由事
不问观音问莽汤

若安溪之铁观音者，得青茶之本也，有青莲之气，有青木之机，尤以木兰香型为甚。

世传宋元丰年铁观音为清水祖师所得，又传清雍正年为某避世之前明将军所制，莫辨真伪。铁观音之名，皆谓清主乾隆所赐，赞此茶形似观音，脸重如铁。吾犹疑之。

其干茶虽卷成纽，何至如观音？茶色青绿，何以如赤铁？吾以为当得名于其性。铁观音者，众青茶中之偏寒者，性寒如铁。青茶有阳明气，此茶清香型者气清上升，通手阳明大肠经。故饮之清寒之气入大肠，顿时浊气清空。肠道藏污浊之物，积内毒，累邪欲，固难消解。此茶排毒除障，放下执念，万般净空，有观音圣水之力耶？气寒如铁，净似观音，其名宜也！肠胃阳明脉属土，常积过厚，唯青木之气可克土，故此类茶定色名青。

或曰青茶为半发酵,非也！好茶未有半成者也。青茶独特摇碰工艺,促使酶释放,胞内成分氧化而得丹宁酸,此青茶之功能成分也。此步氧化反应当完全,得丹宁酸愈多,青茶之气愈满,岂可半道废殂。

枫凤山王庆文先生,祖传铁观音工艺九代矣,兢兢业业,不敢稍有差池。种茶必以腐殖土肥;采茶必以手工取三四叶,沾雨露之叶绝不可用;做茶摇青必至全发酵,每道茶成而三夜不眠。

其摇青工艺分四步:一曰摇匀,轻摇使鲜叶各部均匀;二曰摇破,重摇使叶表细胞破裂;三曰摇香,抖摇使细胞液渗出氧化产生高香醛类;四曰摇韵,翻摇使醛类氧化成酸类,香味醇厚稳定不刺激。

市之铁观音多为半发酵,摇香即杀青,香虽浓而刺鼻,其中醛类有害健康。青茶之利,尽在丹宁酸也。而农肥、手采、午收、全发,其功甚巨,其价固无可廉而与众茶争者。

清平乐 向晚与儿饮极边乌龙

青杯玉盏　香把斜阳染
春日风和云未暖　何必强招蜂眷

小儿本是难知　乌龙原自天池
清境山前圣手　擒为蜜韵琼脂

周末居家，向晚稍歇，与二小儿于阳台设席品茶。窗外风寒，窗内日暖。取极边乌龙于青玉瓷杯中冲饮，幽幽清香四溢，青金色茶汤淡雅柔顺，入喉之后满口蜜味花香。小儿惊异甚喜，谓吾必添蜜汁。实难告之，此青茶之阳明气感也。阳明气入胃经大肠经，气感故若蜜。极边乌龙产于云南腾冲之清境山，茶丛生于高山寒坡，因阴寒而孕阳明气。此种叶片肥厚，不似他种乌龙筋粗，故而滋味清雅，几无涩味。然青茶为摇碰发酵茶，叶肥厚则不易摇碰破裂细胞，非高原寒地不能恰如其分。故极边乌龙乃云贵高原之特产也。申时日晚，正阳气渐弱，而人未至眠歇时，因饮阳明茶可补阳气。而小儿体虚，岩茶铁观音之类过于刚烈，尚不可堪，此极边乌龙清雅，正可儿童试尝。夫青茶以阳明气名，而种类繁多，各有品性，人当因自身之情而择最适宜者。有数款青茶我极不喜，气寒如铁，饮之齿寒胃痛手冷。然则必有人内里燥热而喜之者。此天生万物而养万人也。

荷叶杯 梵境青

月过西林夜半
风乱
纱正轻

一笺薄翠谁人寄
香起
影已倾

贵州梵净山生态环境绝佳，物种资源丰富，山上茶树含气饱满，每出妙品。

昨日，试尝梵金茶场之"梵境青"，颇为惊喜。观其成茶之形，与普通岩茶无异，待冲泡出汤，竟非岩茶而为清雅乌龙。乌龙多花香蜜味甚浓，而梵境青之味清幽如玉兰之香。好奇之甚，开壶观其叶，竟阔大如鸡蛋。叶片薄而少筋，金底朱边，如金箔玛瑙。饮之其气入大肠经，细水长流。

青茶种类繁多，皆生阳明气，或入胃经，或入大肠经，何以分之？吾以为此因树种叶型而异也。叶老而多筋，焙火方成，其气浊而下沉；叶嫩而肉鲜，冷摇即可，则气清而上升。阳明气升则入大肠经，沉则入胃经。岩茶叶老质坚，气至浊重，如岩沉胃。冻顶乌龙叶嫩气清，则上升入大肠经。梵境青之叶薄而少筋，未有焙火，其气至清，升至大肠经之梢，始有玉兰之香。此理同于其他茶类。红茶少阳气，正山小种叶嫩气清入三焦经，滇红叶老气浊入胆经。白茶太阴气，银针芽嫩气清入肺经，寿眉叶老气浊入脾经。气类因工艺成，清浊因叶质分，此亦制茶之道也。

五绝 梵净山古树茶

云深山隐翠
月出树惊心
已忘三千载
忽闻杯里音

国良兄自梵净山得罕有古茶树之嫩芽，制成青茶，仅得斤余，分小包于我，坐而对饮。出汤金黄，润滑细腻，入口生津，幽香盈鼻。其气如山岚紫雾，悠悠升起，盘桓于大肠经与胃经间，久而不去。此气之香颇难名状，似兰而愈清，似菊而愈久，忘之愈浓，辨时却无。令人如处深山云雾间。忆起数年前饮台湾玉山布农族猎人所采之古树茶，茶树在云深不知处，非彼族猎户熟识者不可得，饮之亦有如处仙境之感。奇缘如此，当成奇物也。古树成茶当气浊而下沉，嫩芽成茶当气清而上升，云雾养之气愈清，故此种青茶气方清方浊，竟在上之大肠经与下之胃经间游移，香气若即若离，宛若仙隐。此香，我欲名之云香。

凤凰单丛

性平

桂花香

足阳明胃经

处暑

十四行诗 **乌岽天湖**

南歌子 **凤凰单丛**

七绝 **竹叶单丛**

七绝 **矮脚乌龙**

一候鹰乃祭鸟，二候天地始肃，三候禾乃登。

此暑气之终，寒气之始，阴胜于阳也。天之阳气弱，使人之阳气亦弱，神志萎靡。人之阳即阳明，其重在胃经。此时人体当应天气，谷气不可泄，故宜补胃经，以寒凉之气收敛。

性凉归胃经者，岩茶凤凰单丛也。其气过贲门，可使贲门紧缩，使胃中所积暑期燥热封闭化解，而正气不泄。单丛以桂香为佳，正如三秋桂子。

十四行诗 **乌崇天湖**

你知道那个湖在哪里吗
山峦起伏　草甸掩盖了心情
还有曾经狂躁的大地流淌着岩砂
指引方向的只有这颗故乡的星星

我已经找遍了所有的寂寞
我已经厌倦了所有的矫情
夕阳西下涂抹着夸张的风火
而我在山岭的东边乌夜里宿营

黑云为帐　茶树斟下浓香的蜜酿
珊瑚如林　蕴藻绕成华丽的丝绦
今夜的山谷在子时碧波荡漾
只为知心一人澎湃起心潮

在潮水退去前我采下一叶情诗
证实湖水的是浸透的负氧离子

潮州凤凰山

南歌子 凤凰单丛

岭上千枝翠
云间万种香
无晴无雨最时光
采得一簸绝色
满庭芳

自在风中静
难来火里凉
煎熬始有好文章
把盏当垆轻唱
凤求凰

凤凰山，粤东之胜绝处，中华之朱雀屏，云深林密，气象万千，尤以潮安乌岽山为最。山中多遗古茶树，冠盖方圆多有二丈，零落各处，单树成丛，名曰单枞，现勘为单丛。自宋末怀宗南狩，食此茶而神清，单丛之名始传。经历代传种，凤凰山中遂有单丛两万余。所奇者，单丛树老气浓，变异繁多，芳香各异，善者各有蜜兰、甘薯、黄栀、芝兰、桃仁、玉桂、姜花之香，乃至鸭屎之气亦为人所好。此必为单丛相关基因多变异之故也。凤凰单丛故此成茶中一奇，必造为青茶，方可尽其香之甚。单丛树老气沉，于温热室内摇青，成青茶则气入足阳明胃经，此经起于迎香穴，故行气则有香生。土蜂、甘薯、生姜、黄栀，皆入胃经，正气入胃经因有此诸香。青茶多凉，虽经风凋火焙难去其凉性。凤凰山其地属火，营气乃热，使此地之茶寒气消融。姜性热，单丛有姜花香乃为上品，名曰通天香。余者诸香，皆可理气舒胃，使人凝神静气，不为外邪所侵。余独爱桂香。吾品一单丛，而知世间名物之盛、道法之融。

善哉，青茶之气沉者，凤凰单丛观止矣。

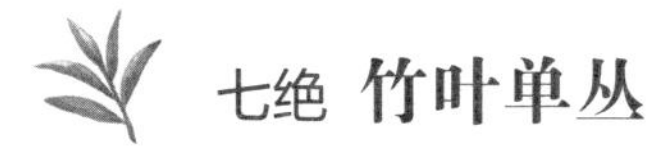

七绝 竹叶单丛

千丝竹沥清如月
万缕兰馨冷若风
岂恨人间无所爱
亭亭一树幸相逢

诗威携来极品好茶一泡，欲炫于我。初见知为凤凰单丛，心中暗疑，何奇之有。待冲，清香冷射，如月光，如兰草，不可稍滞。饮之，其味更异，若竹沥之鲜爽柔滑。品其气，虽凉，不似他种岩茶之生硬锐寒，入于胃，如夏夜清风拂体，令人百骸俱轻。方言此乃单丛圣手林贞标监制之私茶，等闲不可得之。其叶采自其挚爱之一树单丛。贞标爱此树之甚，不可稍离。古有梅妻鹤子，今者茶妻可喻之也。据言贞标年少时纵横商界，应酬无数，故而胃伤，虽爱岩茶之香，奈何胃不可耐其生硬，遂思制成己可饮之茶，潜心试验，独有一树，方成此品。故此岩茶实则洗尽铅华，归隐竹林，如坐而谈玄之高士，清冷不可忍丝毫俗气者。欲得其道，必先爱其物。唯茶如其人，盖爱之而人茶合一矣，必得其道矣。

七绝 矮脚乌龙

嘉茗生在御茶园
品性温纯隔俗凡
腹有馨香关不住
回甘直上九重天

矮脚乌龙生自建瓯之北苑御茶园，已逾百年，其株从小叶朴，不同于常见青茶之株。昨日向晚，有雅客来访，恰宜青茶君子之道。乃取矮脚乌龙于紫砂壶中，沸水侧冲，焖盖分余。不意馨香夺壶而出，喷气如桂如兰，口未尝而心已醉。急出汤而品，其色金黄，其味温纯，竟无半丝青茶难免之寒凉气。青茶寒者多为发酵不全所致。此品茶香入喉即漾化，回甘如啖荔枝，满腹香气，直上泥丸，竟有荡涤心神之感。遂信青茶阳明之气，其道不虚。君子刚阳之中道，不温不火，唯其明明之德，馨香荡气回肠，不可稍夷也。

马头岩肉桂
Horsehead Cinnamon

大红袍

性温

肉桂香

足阳明胃经

白露

菩萨蛮 **岩香妃**

十四行诗 **大红袍**

十四行诗 **瑞泉圣匠**

五绝 **六盏茶·晏饮**

酒泉子 **老枞水仙**

一候鸿雁来，二候玄鸟归，三候群鸟养馐。

鸟类多属阳性，此节气中变动最大，将迎阴阳反置的秋分。故鸿雁北来，燕子南归，躲避阴寒朔气。群鸟进食而积蓄，以备冬藏。

白露是秋天真正模样，已经冷了，却还不太冷，不像霜降那样难耐。此节气，升阳备养，是为要务。以阳茶升阳，以胃经气备养，足阳明胃经青茶宜也！青茶有凉有温，此时宜温，最佳者大红袍岩香妃也。

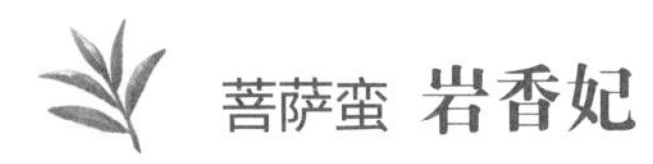

菩萨蛮 岩香妃

冷妆梳就听弦静
静弦听就梳妆冷
芳簟一噙香
香噙一簟芳

断肠柔绪满
满绪柔肠断
回首粉羞眉
眉羞粉首回

日前，武夷山瑞泉号当家黄圣辉托友赠我一盒岩香妃。忆起年前于澳门遇圣辉兄，得享此茶之奇香，迫不及待开包冲饮，稔熟奇香顷至。

瑞泉号于武夷山核心景区中制岩茶近四百载，岩香妃乃其数品岩茶中之奇品也。岩茶乃青茶中之茶气下沉者，入足阳明胃经，因胃土受茶之寒气而冻如岩，非胃燥热者不喜也。

大红袍欲改岩茶之寒而以红茶温气中和，虽无红茶之气，而有红茶之性。里青表红，似青茶披以红袍，故名。然则，天无二日，茶无二气，若茶兼青红之阳明、少阳二气，则入体必经气紊乱而成弊。故红袍之厚薄，其分寸须得妙致。此岩香妃所以精妙也。以青体为君临臣，以红纱为臣谏君，恰到好处。使岩茶之香愈盛，而寒气冰释。如春土方融，春树方发，春水方起，春心方漾。其茶入口,初觉齿间微寒,冷艳不可近。再饮,则香芬如静尘澄淀,化气入胃,愈积愈厚,愈饮愈温柔。其香如脂如粉,如檀如麝,日久难忘。无怪乎清主乾隆品之而思香妃。冷美人,不得其心者终不可近,得其心者可知其柔情缱绻,芳心作尘土,凝香不可散。岩香妃之为物,乃香妃之芳魂萎尘也。

十四行诗 **大红袍**

你一定要听一下我的故事
在一片水墨晕染的山峦中
这里留下的不只是圣贤的文字
还有我不可扭转的初衷

哪怕我见不到春天的阳光
我心中自有阳明的思想
哪怕我不若你期盼的甜香
我也要温柔地充满你的胃肠

囿中有四大呀　我怎能妄自菲薄
知道吗　知道吗　整整千年我等在崖壁上
多少轮回的力量也带不走我的执着
我等着那个谷雨　你来为我披上红装

所以不要抱怨这盏清苦的茶汤
捧给你的是我所有的纯洁希望

十四行诗 **瑞泉圣匠**

品一口红酒记得吐掉酒精
喝一杯咖啡还要加点砂糖
独自从日暮陶醉到黎明
子夜钟声中两界相撞出一道光

你可知斑马不得胃病的秘诀
黑白相间诉说着阴阳和谐
几片叶子的香气中浸润的黑夜
悄悄被丹宁酸解开了心结

怎能说清需要多少遍才摇醒你
看看你的脸颊两侧殷红的光彩
溪流被生活的烦恼劈开后分离
终将会在明天淡淡地合并起来

大道甚夷　泉水知道山下的方向
茶匾把我的色泽摇得如此安详

崇安武夷山

五绝 六盏茶·晏饮

岭断仙风郁
阳明日影雍
饮君为右介
方觉得其中

青茶多产于闽中山岭之上，品类众多，各有风味。盖生山巅岚气间，得东南巽风而集阳明之气。阳明者，阳之中等也。茶气之转化，阴益阳损，逆益者为黄，正而太者存绿，耗而中者为青，损而少者为红。然则青茶摇碰发酵之法，甚为微妙，须恰到其中。不及则青黄不接，过则青红不分，中道维艰。好友罗达，与我君子之交，好觅嘉茶，得黄褂岩小叶水仙一种，戏称之为"黄小仙"，遂分我半罐。又赠白瓷茶盏，以配仙品，盏上题诗曰"君子执中"。今冬至已过，阳气渐生，正是饮青茶蕴阳明之季。方至申时，日影偏西而气雍，青茶入盏，岩气四溢，阳刚至极，然则入口直达阳明脉，恰为中道。顿悟君子执右介之理，执中则左，矫枉过直，才得其中。青茶作至刚之气，方成阳明之中道；君子守非常之志，始入雍容之中道，几语哉。

酒泉子 老枞水仙

翠浪如澜

翻卷武夷春色

凭谁是　渡头客　水中仙

采薇识得鬓边味

欲言人已醉

老露寒　沾衣袂　卧青岩

厦门茶友小丸子，少有之童心赤纯者，得茶界耆老王庆昌先生支持，执百年茶铺牧岚香，以水仙见长。或以闽西漳平，或以闽北老枞，每飨于我，兰谊桂义，芳远志长。

老枞水仙出于闽北水吉之大湖，与大红袍、肉桂并称闽北三大岩茶。岩茶属青茶之种，其类何止千数。青茶因阳明气而下入胃经，上入大肠经。两经相会于鼻，大肠经更迄于迎香，故气入阳明脉则生花香。大肠属金，胃属土。气入大肠经则有金秋兰气，入胃经则多为土间苔香矣，此老枞所以有青苔之味也。青茶气冷，入胃为土，土冷则固若岩，此岩茶所以得名也。水仙气走胃经之上行分支，从颊侧入鬓边，至头维穴。阳明气升则人之气正。吾以为岩茶以水仙为正，而水仙以老枞为正。小儿新生时植水仙茶，待其花甲，树高过人头矣，则为老枞。老枞密生成阴，阳气须阴养，故养阳明气，树老气足而正，若阴发烘焙得当，则仅入胃经，虽有回甘而无花香。若能略点姜汁，则可驾驭冷气，成补胃经营气之佳品也。否则茶气刚烈，易使人醉。老枞之味，如醉里挑灯看剑，雄心之老将也；如隐入首阳采薇，刚节之名士也。君子如玉，此岩茶乎？此玉茶乎？

齐鲁青未

性温

豆蔻香

足阳明胃经

十六 秋分

定风波 齐鲁青未茶

菩萨蛮 古树普洱青

一候雷始收声，二候蛰虫坯户，三候水始涸。

秋分乃秋季之正中，此日昼夜平分，阴阳对半，寒暑均衡。自此秋色渐浓，天气转入寒凉。雷于阳盛时生，柔阴触盛阳而激发，秋分后阴盛于阳，故无雷矣。

虫子即将冬眠，故始筑巢，以抵御寒冷，皆因此日后寒盛于暑。河水开始干涸，燥气生也。人体之代谢活动亦因节气而变，渐渐转缓，排泄亦往往不畅。而体内已积蓄一夏之累赘，亟须排泄。然则秋分之后阴气盛，阴盛则令人压抑，心情惆怅，加之寒凉使胃病多发。清理肠胃，舒展情绪，乃此节气最迫切之养生要点。

依道家理论，秋分之后，阳气渐消，体内容易藏匿阴暗气息，影响体魄。而青茶气属阳明，可以提升人之阳气，排解阴毒。青茶之中，养胃清肠效果最强者，当属齐鲁青未。人多言青茶即乌龙茶。其实不然，乌龙茶仅为青茶之一种，并非所有青茶皆为乌龙。

产于山东莱芜之青茶齐鲁青未全非乌龙，其用叶梗所制，内含丹宁更多于老叶，制成青茶，丹宁酸含量极高，气味极其独特。疑此乃青茶之古者。

定风波 齐鲁青末茶

望到蓬莱海上山
青霞掩映似神仙
相问何方不老药
长勺
平丘落暮定风烟

一斗浓香家国土
归去
苍茫路远且心安
岱岳葱葱春雨断
人淡
罗袜生暖日中天

茶楼新得莱芜友人家中土茶，用齐东野茶粗叶搓捻烘烤，样貌糙陋，奈何浓香扑鼻，似炒麦煎果，未有闻也。入鼻即觉肠胃舒坦，此青茶气必入胃经也！齐鲁间口味浓郁，食物油脂过多，乡人以此茶清肠胃者。

前日恰聚数友，同品此茶，香甚，略苦，故以一丝姜一滴蜜作阳明气引，滋味和顺矣。数杯之后，热流自鼻下颈，入缺盆过胃肠，自右腿前下行，足心全热矣。身体既通泰，心怀遂舒畅，觉无挂碍之自由。翌日晨起，肠胃清畅异常。青茶入胃经妙者有如此！

我未尝听闻北方有青茶。闽粤多青茶,以乌龙名。而闽粤之众源出齐鲁,今闽语为古齐语之类。莫非青茶亦源出齐鲁?齐鲁之青茶非乌龙,虹姐求名,乡人告之土茶,吾呼之“齐鲁青未”,取杜工部咏泰山之意,泰山土厚,以补胃土则善哉。

菩萨蛮 古树普洱青

点苍山上清明雨
丝丝缕缕蓑衣絮
东谷有新茶
揉成乌紫珠

赠君三盏少
再饮金镶瑙
难得此中香
镬边春夜长

奇人哈哥，老顽童也！嗜爱普洱，自数十年前于滇南做知青时，始种善缘，而今愈发不可收拾，以普洱为玩具矣。吾未见有求知欲、好奇心强如哈哥之长者。试将乌龙、祁门诸般制茶工艺用诸普洱，使普洱于黑茶之外，为青、为红、为各色茶类。每成，兴致而赠饮于我，此数年矣。上月，哈哥又有新作，携来一桶古树普洱青，为数百年古茶树之种。开包浓香扑鼻，非寻常青茶之类，有若老檀新炙。烹之出汤迅速，其味醇厚如醅，其色浓郁如墨。初饮之略苦，待片刻，回甘若蜜，满口盈盈，半日不歇。青茶有阳明气，入胃经大肠经，而回甘如蜜。此青茶阳明气盛若此，可谓之搜肠刮肚！哈哥得意，自言为成此茶，宿于滇南茶山上，夜半观茶，控其发酵之机，又出奇招，翻炒添香，天下未能有青茶可香过此茶者！

呜呼！老顽童之乐此道，可至于此，茶之幸也！普洱成新种奇品，而为联合国专用于宴会，推之四海，亦哈哥之幸也！古人云：不以物喜，不以己悲。窃以为若此何益于世？喜物悲人，而后物善人欢，天下乐进，此人间之道也，吾谓之爱。

金锭

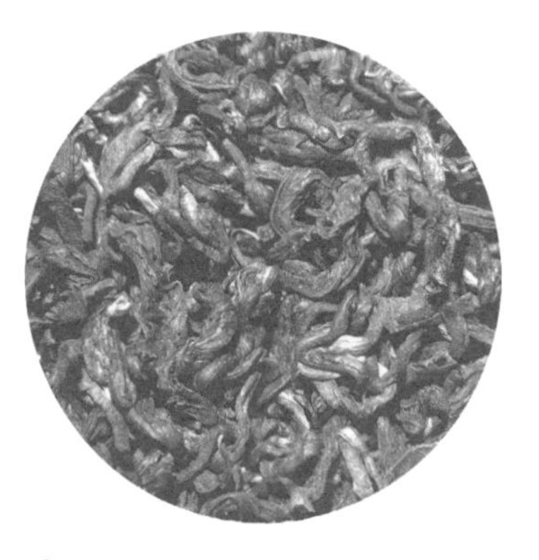

性热

山楂香

足少阴肾经

寒露

秦楼月 金锭

一候鸿雁来宾，二候雀入大水为蛤，三候菊有黄华。

深秋已至，朝露尤寒，是为寒露。秋分后，天地阳气已匿，少阴当令，万物皆取阴以生。鸿雁来宾，近水滨为阴者。雀入大水为蛤，雀鸟为太阳，入大水之阴，而化为少阴之小蛤。蛤，二贝如肾之形，喻入足少阴肾经。菊有黄华，百花多因春之少阳而华，独菊因秋之少阴而华。至寒露始有少阴，故言菊华。

此节气中，人当应天而用少阴，理足少阴肾经。一年之膏食，蛇屑多塞于肾盂，洗肾之少阴黄茶，其功甚堪用。少阴气难觅，故少阴黄茶难造，今年方得于大娄山，制成纯气之足少阴肾经黄茶——金锭。

秦楼月 金锭

秋光洁

伶伶忽忆娄山叶

娄山叶

风清似洗

月明如泄

前年积雪梅花折

伤心犹在黔关阙

黔关阙

人将暗渡

事成空结

少阴黄茶难造，因鲜叶质地多变，包闷所需温度、湿度、氧化时间皆须有异。不足，则太阳气犹存，绿茶之味，饮之头晕目眩，睛明穴冲气也。过之，则厥阴气倏生，黑茶之味，私部纠结，会阴穴冲气也。此世之所谓微发酵黄茶之害也。造茶法之盛，各有所用，而皆全发酵也。故我用《黄帝内经》《神农本草经》之道，去春于梵净山使造心经黄茶，大成，杞香宜人，饮之心血顿通，湿腻汗出。

今秋，国文兄于遵义正安挂职扶贫，言大娄山之茶甚好，为黔东黄茶故地，不可不试。娄山高处，茶园广布，虽有八十年前浙江学者之遗株，于此成茶亦异矣。今秋试造，廿试乃成。初者成苹果香，少阴气至胯下，未可用也。再试，终成山楂香，少阴气过肾而上大椎，善矣！苹果、山楂，同属之果也，而山楂之气尤浓。故其功能成分名曰山楂黄酮。此茶用黔湄品系之秋叶，固老，阴气内藏，非烹煮不可出。冲泡则头道汤苦。若煮而久，则苦涩全消，汤色橙黄透亮，山楂之香四溢，饮之回甘悠长。

奇者，黔东之茶造为黄茶，小种春茶杞香入手少阴心经，大种秋茶楂香入足少阴肾经。茶虽一树，成分亦因时而变。黄茶工艺同，底物不同，则产物不同，而成两品。故采茶不可不时，当得其所需底物最浓之时也。春于清明谷雨，秋于白露秋分，时因山高而变。今白露之茶，存而至寒露畅饮，肾洗郁销，人之少阴清明，此配天用人之道也！

雪梨银针

性凉

雪梨香

手太阴肺经

霜降

卜算子 雪梨银针

一候豺乃祭兽，二候草木黄落，三候蛰虫咸俯。

阳物拜服太阴也。

霜降乃秋季最末一节气，秋冬所交之长夏也。秋之金风肃杀之至矣，而冬之寒水冰凌亦起。金风夹寒水成霜，故有霜降，成太阴之象。金风入肺，带寒气则易伤肺经，若伤，则至冬咳嗽多发，鼻涕因下。故多有霜降食柿以防鼻涕之俗。而养肺之佳品非白毫银针莫属。

银针白茶多寒凉，宜大暑饮。而景谷之雪梨银针，其气温柔宜霜降饮，而包装有“让我如何不想她”，一何奇也！

卜算子 雪梨银针

莫道畏寒霜
秋是黄花季
前岁银光去岁香
缺月年年意

幽谷夜深长
独饮冰凉气
一片花笺染雪汤
何处相思寄

滇南胡皓明先生,奇人也,于景谷无量山制茶,多有奇品。每有佳作,虹姐必寄之于我。聚友共品,皆赞叹不已。

前年得银针白茶,未知其源,觉与常见之太姥山白毫银针略异,毫肉俱白,其貌甚美。春时试品,唯觉清甜淡雅,有幽幽欣喜之意。遂装罐置窗台日晒,日日相见,心思渐浓。至秋,一日友至,指银针曰,欲品此茶。启罐,顿时梨香四溢,满室皆芳。太姥之银针,香中带甜腻,似梨膏糖。而此银针,气甚清润,如雪梨新汁。

以银壶炖煮,数分钟后,芳香转醇。出汤,其色赭红,透亮。分而饮之,真如炖梨之味,心肺立开,其气自胸过肩穿臂,大鱼际如摩暖炉。真太阴肺经气也!

稍顷,肺经带动心经心包经皆振,心思辗转,柔情万千。饮者皆曰，此制茶者，有故事也！急致电虹姐，言此银针乃景谷胡先生之作，名曰“让我如何不想她”。咦嘻。

梨香者，梨酯之气也。盖白茶氧化为酸，日晒炖煮与碱中和为白茶酯。银针之白茶酯近梨酯，故有梨香。而各地茶树品种不同，生长有异，成酯多样。

白茶易制，而好白茶难制，唯太姥、景谷有极品。白茶气属太阴，男为阳，女为阴，太姥即太阴之意也。景谷亦太阴也，景者大也，峰高为阳，谷深为阴。故此二地出太阴茶，岂泛泛耶？

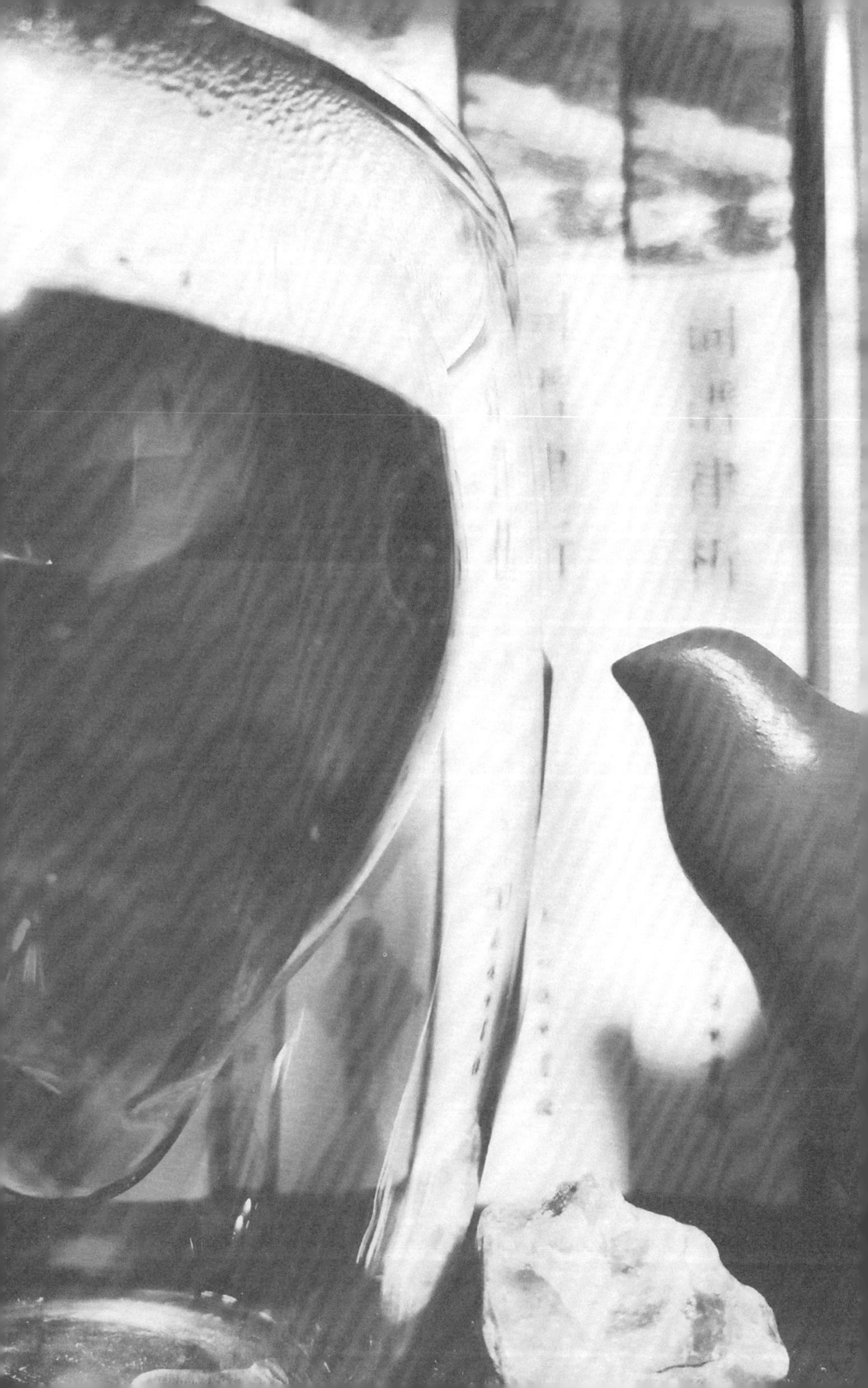

普洱生茶

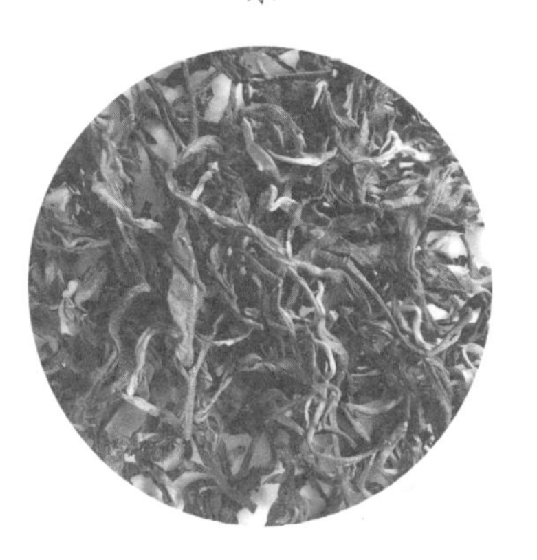

性平

嘉兰香

足厥阴肝经

声声慢 祥瑞号熟普丸

五律 黑铁明月夜

五绝 六盏茶·夜饮

一候水始冰，二候地始冻，三候雉入大水为蜃。

冬初至，以理气为先。天愈寒，阳气渐藏，人体需调理内含，疏肝理气。黑茶，有厥阴气，上行心包经，养胸腺可以理气舒心；下行肝经，疏肝脏，可以解毒排脂。熟普为手厥阴心包经黑茶之首，故选此茶为立冬之茶。

声声慢 祥瑞号熟普丸

丝丝缕缕　转转回回　勾成堆绣叠绪
问此情何时起　更何时去
山荒隐得野鹤　望云浮　却催烟雨
潇潇夜　沥沥心　最不合寻常句

旧岁闲愁无序　今解理　还闻暗香温语
花欲开时　奈何遮霜绕雾
彼枝可栖杜宇　唤春回　有约莫负
待相见　一片丹心是楚楚

黑茶类中，熟普可谓异者。今之生普未有捣茶者，多生制而成，发酵甚慢，其性自寒转凉，终而性平。而熟普渥堆深度发酵，成效甚速，其性温。别种黑茶多有渥堆而熟，然熟普或因成吨大堆温度颇高，其性甚温。然则其与红茶同为快速深度发酵，何以异者？应为发酵之机不同也。红茶未杀青先发酵，其中鲜叶所含生物酶尚活，而生成产物也有异。

熟普可作散茶，亦可制饼，而我有一品熟普制成窝头状，大小如纽扣，每丸恰为一泡，甚是方便。此丸制于二〇〇四年，为我出行必备之物。每饮之，汤色浓厚宜人，滋味香糯可口，茶气温馨和煦，通入心包，令人如坐春风。此茶乃澜沧景迈山古树所生，前者嫩芽制成古韵陈香，为熟普极品，而嫩叶则制成此丸。因古树叶老，发酵不易，故切碎而制，亦可谓妙招。至今历十数年之后发，其味愈醇，粒粒皆是楚楚丹心矣！

五律 黑铁明月夜

昨夜听星语
今晨就雪眠
有歌花会醉
无恨燕流连
淡淡春山下
盈盈弱水边
谁持桥上柳
问道月明间

寒露后，王庆文先生完成了所有铁观音秋茶制作，给我打电话说要来上海，与我共品新茶。甚喜！便邀他同去江南第一茶楼，带学生上课并分享好茶。

先生兴致高涨，一道道好茶倾囊而出。春水秋香，铁观音春茶气柔如水，秋茶高香若花。品罢大肠经青茶铁观音，先生说："莫急，还有一种新做的入肝经的铁观音。"什么？厥阴肝经那就是黑茶了，铁观音还能做成黑茶？先生拿出一个小包打开，还是一股熟悉的木兰香，难道不是青茶吗？瓷壶中冲泡，出汤，金黄色，兰香四溢。我满腹狐疑，轻轻地抿了一口……双足之间，两股清气悠悠然升起，毫无凝滞，一直穿过双眼，顿时双目如同经热敷一般，舒畅极了！还真的是走肝经啊！第二泡出汤时，木兰香也渐渐淡了，回甘丝丝参甜。

"您是怎么做出这样的铁观音的呀？"我切切地问。

“李老师不是说杀青后转化就变成阴茶么?”先生反问道,“我就先不把茶青摇透,这样杀青前没有太多氧化。杀青以后再高温紧揉,这个时候让它转化,就成了厥阴黑茶了。”

天才啊!一个简单的阴阳理论,活学活用,创新出这么好的茶!

正好,前几天有人质疑我写的《茶道经》中所说“黑茶是人之气入阴茶,人气转化之关键是摇捻”,认为黑茶之成关键在堆闷发酵。实则堆闷发酵是增添黑茶多糖之浓度,使黑茶保肝功效提升,并不是黑茶气走肝经的关键。这一道铁观音黑茶,就是应时的实证了!黑铁不堆不闷,纯粹的摇捻工艺符合杀青后转化的阴茶原理,以及人力所化的厥阴原理。转化需要八次高温包揉,把滚烫的茶包反复滚压再取出散气,重复八次,非常人所能。一道极品好茶,出来都是心血结晶!

正因为没有堆闷,所以气清而升高。因为高温包揉人力所用之多,故而归经导引成分浓郁,使茶气迅速到达肝经末梢。这是黑铁(铁观音黑茶)与一般黑茶气感差异的关键。我品金花、茯砖,茶气都是进入肝区,不再上行。偶有陈年生普,茶气上行穿目,然而仅右侧有感。而这道黑铁两侧肝经都有浓郁的茶气升起,双目都同样受到滋润,这是此茶难得之处。

“不若叫它‘黑铁明月夜’如何?”

“那太好了!”

五绝 六盏茶·夜饮

润土奇光夜
陈茶桂子颗
雪侵花色少
风拂郁香多

台湾吴金维先生善做柴烧,赠我泛金茶杯。入夜以此饮陈年普洱,茶香陶色相得益彰。柴烧金杯本为窑中偶得之物,世人罕之。金维兄得柴烧之妙法,顺意天工,屡出奇品。盖制佳器者良术也,良术多有而通正法,法离于物,庶几近乎道矣。以道化法,以法御术,以术制器,则无不成矣。

六堡茶

性温

枳实香

手厥阴心包经

小雪

入塞 六堡茶

苏幕遮 三十年陈皮普洱

一候虹藏不见，二候天气上升，三候闭塞成冬。

阴阳相交，虹乃现。至于冬季，阴阳失交，于是虹藏不见。再而，地之阴气不得天之悬挂，渐降；天之阳气不得地之镇压，遂升。天地不通，阴阳不交，万物乃枯。天地闭塞而有冬寒。

此节气中，天地阴阳不交，人亦如是。阴阳失和，则昼夜失序，情绪低落。调谐昼夜，安定神志，则须畅通心包经。入心包经之茶，有陈皮之香，多糖之厚，以熟普为名。而老六堡茶亦是，其柔更甚，其气入心包经之纵线，使阴气上行至脑中松果体，宜小雪。

入塞 六堡茶

梦须重
雪披檐　月上松
一丝炉火淡
几载袖边红
情也浓　水也浓

满斟浓情越动容
玉盏清宜在夜中
蓝山藏入碧雕宫
心正慵　眼正慵

初识六堡茶，乃多年前于广西南宁老友胡正梁处。其师手作六堡，于广西民藏博物馆所存甚多。六堡其气如陈皮，其汤如浓酱。当时饮之，未觉甚奇。去年得岑王老山浪伏茶厂所出之二〇一二年六堡黑茶金竹垌一罐，当时非季，不思品鉴，遂置之卧室柜顶。

前月有友携六堡茶而来，开罐闻之，仓味甚重。吾曰不可，故取来金竹垌，开罐比之，判若云泥。友人大喜，必试饮。滚汤入紫砂，甜香顿起，汤色红稠。待入口，竟若蜜橘之味！气入心包，于胸口上下左右四方涌流，若春光四泄，尤以上行为多，双目之间若开天眼。满座心情大好。

于是收之而藏于办公室，数日后又饮，竟气淡味枯，难以下咽。携归，复置于卧室柜顶。又月余，再饮，蜜橘之味归矣。此事何其怪哉！

细忖之，略通。心包厥阴之气，最是阴阳相交，须得人之阴阳气养。置于卧室，恰有夫妻阴阳和谐之气养之，此茶必佳。而置之办公室，无厥阴正气，阴阳不交，此茶遂枯。嗟乎，天亦阴阳合而生，人亦阴阳合而喜，茶亦阴阳合而润。道之不虚存也！

六堡之润，如佳人红袖，雪夜相伴，不足为外人近也。夫妻之道，阴阳之和，本为私事，宜藏之深院。六堡之柑甜，当与风池秉烛对斟也。

苏幕遮 三十年陈皮普洱

醉人香　迷眼气

一盏金汤　化作舒心味

霜雪卅年幽梦里

此忆无端　只有星星事

野茗山　青橘地

几处仙乡　尽是逍遥意

收拾风流藏旧岁

明月高悬　直到秋池起

普洱属黑茶，气归厥阴，走肝与心包两经，有疏肝安神之效。阴茶阳藏，厥阴黑茶当高悬以得中阳之气，方可长年发酵之中正。清时有粤人偶以陈皮配普洱，其味妙不可言，遂试以橘果掏空藏普洱，乃有今之陈皮普洱。旧典曰陈皮入脾肺二经，为太阴气，其实谬也。陈皮有理气健胃之功，乃其厥阴气之疏肝安神所致也。胃病者，心病也。肝疏则食不郁积，神安则脾胃舒畅。不愁不怒，胃口安有不畅？故而陈皮与普洱同气，《茶经》隐约提及陈皮为茶引，实为黑茶引也。近日罗兄得三十年陈皮普洱，邀我共饮。金汤入盏，佳香四溢，饮之忘忧，唯余岁月悠悠，情义绵绵，真滋味也。

PROF. HUI LI
普洱茶磚
净重250克
中國昆明茶聯茶葉公司出

金花茯砖

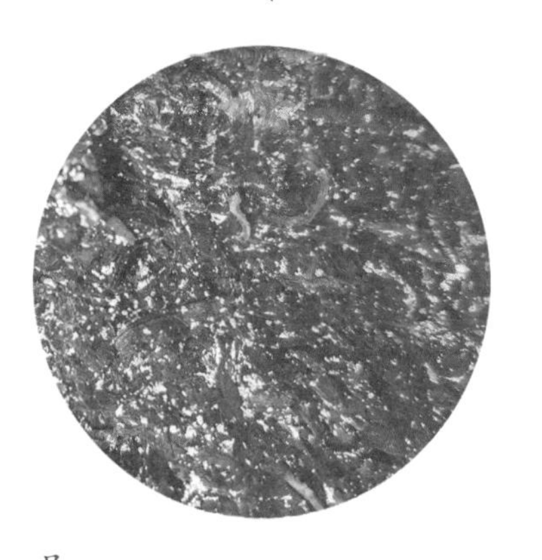

性平

黄芪香

足厥阴肝经

大雪

西江月　安化千两茶

十四行诗　永州之野

十四行诗　扎心了老铁

五绝　二〇〇四年台联制辛味普洱

一候鹖旦不鸣，二候虎始交，三候荔挺出。

寒号鸟不鸣，感阴气之盛也。

大雪为一年中阴极也。诸阳皆封，气难出。故宜以阴导阳，饮厥阴气至盛之金花黑茶，梳理肝气，阴含阳出，如荔挺之出。

西江月 安化千两茶

染尽二溪秋水
偷藏几晚春阴
羞将丝篾裹芳心
欲语频红汗沁

日久萦思交叠
天长爱意旋深
金花一两值千金
须拌真情共饮

数年之前，慵懒疏荒，体肥不堪，肝气郁结。助理觅来安化千两茶一饼，谓饮之可疏肝。观此饼，通体黢黑，上点金花灿灿，芳香醇厚，气略似仁丹。以沸水稍洗，出汤黑褐色，饮之苦而不涩，清而不凉，其气若有神，直捣肝底，人为之一轻。其时甚好此茶，日日啜饮，数月不厌。后因奇缘，重拾筋骨，不复累赘，遂忘此茶，束之高阁。近日饮食油腻，又忆起此茶。今日取出，惊见其金花愈甚，如畦间芸苔。金花者，安化黑茶特有之曲也，愈多愈贵。喜而烹之，汤色深而不滞，滋味清奇。更奇者，有白气浮于汤面，旋作太极状。此当为金花所擒之茶油也。

黑茶因金花曲而成其厥阴气。厥阴为阴之中正者，其如中女，不夺长之份，不欺幼之蒙，不欲藏其私也。故能去油腻，使肝气中正，心包舒畅。黑茶种类繁多，而有金花而气正者以湘黔之间为名。余者如普洱之类，生茶非藏七年难以成气。唯金花之黑茶，藏之得法，七月可矣。故黑茶以安化名，而安化茶中又以高马二溪之千两茶为上。同治年间，晋商以竹篾篓装安化黑茶以千两为一柱，乃称千两茶。此法便驮运，更易生曲，遂成一绝。金花之妙用，得传天下。然则金花虽能疏肝去脂，若饮食无度，四体不勤，亦难有效也。故曰：欲以中正无私之厥阴气为利，必先有中正无私之品行也。

十四行诗 永州之野

我是一滴水一缕风行走在山林中
黑白相间的巨蛇从地层涌动而出
猎蝽守护着云蒸霞蔚的天空
茶树紫芽凝结了慰藉盘瓠的露珠

怎么可能对不知道的对象产生敌意
当我知道了以后也一句话都不说
我还有一个透明的肚子成为了传奇
各种甜甜的液体在里面流成了经络

有一个山岗上种满了春夜
汗湿的前膺让我懂了人生的美好
巨蛇从脚背向上蜿蜒与我熔接
一觉醒来还是六千年前第一个清早

我相信最好的故事留给了最好的时代
当死去的枯枝重又绽放生命的色彩

祁阳阳明山

湖南最南端的永州有一座阳明山，其最北面有一个山谷，其中有三个水库围绕一个矮岗。这是阳明山的厥阴位，王力功先生在这里做出了最好的金花黑茶。两万亩茶山，开垦于红壤坡上，铁元素为黑茶的有效成分增色不少。茶树有性栽培，植苗多色。周边虽无大江大河，但是巧合的是，有三座大型的水库，阳光照射时，水汽蒸腾而起，让光线散射在茶叶上，起到阴阳平衡之效。

王先生的金花入口绵滑甜润，非常舒适，适合大口饮用。茶气正满有力，直入厥阴肝经，非常适合经常熬夜加班的、喝酒应酬多的朋友。第一次到祁阳，王先生请我品鉴其黑茶，刚喝了三碗，我的汗衫在肝部区域印出了汗渍，是非常有意思的体验。黑茶制作必须渥堆发酵，好的黑茶上菌落会呈现金黄色，大致均匀地分布在茶体上，俗称金花黑茶。若金花分布不均匀，多是人工后期添加，切不可饮用。金花的菌种散布在空气中，各地的菌种是不同的，因此对金花茶可达到的最高品质起到了决定性的影响。永州的金花菌种，色泽赤金，口味蜜甜，恐怕是绝无仅有的。

黑茶富含茶多糖，阴茶阳泡，需要高温蒸煮或者用紫砂壶冲泡，茶香简单清雅，汤色清透，表面会有绵密的泡沫，这是内含丰富皂苷类茶多糖，导致水的张力变小所致。其他的茶是不会有这种现象的。

十四行诗 **扎心了老铁**

如果你还在询问生命的意义
如果你继续追求佛法的真谛
灵魂将如铁锭沉到宇宙之海底
心与身将彻底地分离

叫你放下的人从没有放下
带你超脱的人不可能超脱
我说的笑话你以为真是笑话
这件事情该怎么做就怎么做

当我流血的时候我吸收了信仰
在我被杀的那天我孕育而生长
从阳明到厥阴两界之路坦荡而悠长
过来吧　过来吧　浸湿一个梦洗掉一种想

三十六年后我们共饮了一杯鸡汤
扎心了老铁　你说什么爱都已遗忘

安溪枫凤山

枫凤山王庆文大师祖传八代的魏荫传统铁观音工艺，与自然环境结合，坚守初心。昨晚大师把压箱底的三十六年老铁泡给我喝，分明是一碗党参黄芪母鸡汤。我分析了大师做的当年、五年、九年、十三年、十五年、十八年的各年份铁观音。随着年份渐远，汤色黄绿渐浅，橙红渐深；丹宁酸渐少，茶多糖渐多（滋味呈甘薯甜）；阳明气渐减，厥阴气渐增。以九年为界，青茶变成了黑茶，自然的规律太神奇了！

五绝 二〇〇四年台联制辛味普洱

日久缁衣老
言开语气辛
无心提故旧
不意动情真

江南第一茶楼藏有二〇〇四年昆明台联产普洱茶砖。普洱类属黑茶，气归厥阴，当高搁存放，以适应其菌种长期发酵。此砖于房梁之上搁置十三年，其色酥黑，其性已大成。虹姐分我一饼以鉴定。昨夜试尝，于红泥壶中略洗之后即出汤啜饮，竟如烈酒入喉，辛辣之味直贯灵枢，意外之间不禁泪下。平生品茶无数，从未见茶如酒者。急问虹姐，乃知此茶采摘之时恰逢连日阴雨，故以老山松枝炙烤，待晴日方曝晒压饼。松香火气，遂封藏其中，经长年发酵，竟成辛香！此厥阴香气贯通心包，令人心意畅开，真情尽吐。故友相逢，何复需酒也？噫！世有奇缘，方成奇迹！此茶之奇缘，成此气之奇迹。我逢此奇迹，亦是奇缘也！

普洱熟茶

性温

陈皮香

手厥阴心包经

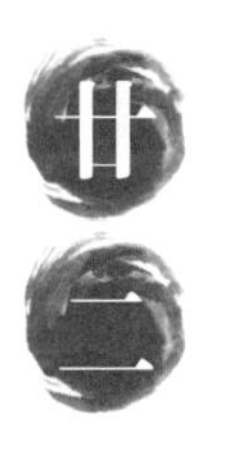

冬至

桃源忆故人 古韵陈香

十四行诗 芒景叶果

十四行诗 紫泥

一候蚯蚓结，二候麋角解，三候水泉动。

一年之中白昼最短之日，以后昼渐长，因此中国自古以冬至为一岁之始，后周人改正朔至十月间而曰年，至汉又改为二月间曰春。故冬至为阴之极，阴物如蚯蚓则盘结如丹丸；而阳气初生，故阳物如犴鹿则解旧角生新抵；阴阳相合之物如水泉则感交而振动。

一阳初生，去旧迎新，心结需解，神情宜乐，以极品熟普通心包经，止哉！

桃源忆故人 古韵陈香

人栖云岭云栖树
若是神农行处
一叶琳琅谁取
化作通心露

犹思昨夜曾欢聚
酣畅余香未去
此味应随归路
好把相思附

普洱茶当是黑茶中最具盛名者。人多不知普洱二字何意，以洱为茶汤。其实洱音尼，滇西民家谓人之意也。普者濮也，普洱即濮人。

自滇黔间至泰缅南，凡操孟高棉语者皆濮人。濮人种茶饮茶久矣，或为茶之源。今之濮人皆不好酒而嗜茶，此风无盛过之者。

滇南布朗亦濮人也，于澜沧种茶，有景迈山古茶园，树多宋元间遗种。二十年前曾访此园，山高云深，古树尽挂松萝地衣，若缀琳琅，记忆犹新。因多古树，此园出茶皆称古韵普洱。盖普洱须长年慢发酵，古树叶质厚硬，发酵速度匀缓，而可得黑茶正味。故而古韵为普洱中珍品也。

普洱采后杀青揉捻干制为生茶，若加大堆发酵后再干制则为熟茶。虽二者皆须长年发酵，生茶不经年不可饮，而熟茶即可冲饮。普洱既为黑茶，亦生厥阴气，入心包与肝经，饮之通感若陈皮之香。若无此香，则发酵未成。

然则我饮普洱茶种无数，未尝遇陈香味如景迈山古树熟普之盛者。无怪乎此茶名曰古韵陈香。此茶之气，直透心包，使人生欢愉之情。戌时心包经当令，最宜饮此茶，饮者心包经末梢之掌心劳宫有热感甚至汗出。

每有晚间朋友相聚，我多奉此茶，可使满座身心酣畅，相谈甚欢。陈香之味萦怀，相知之情难忘。故殊胜之茶，亦有殊胜之缘。濮人种茶年久，而留此古园，方成此奇茶。此茶成之需奇缘，诸友共饮之更成奇缘也！

古韵楼
春木

十四行诗 **芒景叶果**

姐姐在山上采摘月亮
山神放出唐朝的雾来遮挡阳光
我怕幸福生活晒黑你的脸膛
还有那棵古树偷走你的梦想

你可知道春天最后一夜帕艾冷走过
树上就挂满了金银和牛羊
每一个巴朗都记得七公主的传说
指尖是我们的故乡　在北方也在东方

姐姐啊　你魔性的歌词洗了我的脑
从树上到地上　叶子散发出第五种香
心里开出景迈花　掌中萌出景迈草
我已化成一枚果挂在山顶的枝头上

三千年前濮人带着果子离开家乡
这果子啊　喝着叫普洱　听着叫布朗

澜沧景迈山

十四行诗 **紫泥**

晨梦的窗帘告诉我生命是白色的
浓阴的阳光告诉我生命是绿色的
远方的雷电告诉我生命是金色的
檐下的茶盏告诉我生命是紫色的

当我亲吻到你的嘴唇上
才开始明白你的心意
为了形状而粉碎了形状
为了记忆而创造了记忆

如果我也只是女神手中的一握土
可不可以补上那一口仙气
如果你已经收藏了那一棵树
可不可以展示叶子神奇的能力

我不停背诵着生命中的每一点滴
熟悉的味道是你没有错过的奇迹

梵金髻

性热

枸杞香

手少阴心经

小寒

采桑子　**新制黄茶梵金髻**

十四行诗　**闷黄工艺**

十四行诗　**梵金黄茶**

减字木兰花　**偶品清代古黄茶**

一候雁北乡，二候鹊始巢，三候雉始雊。

此禽鸟皆感二阳起而春心动也。深冬尤寒，代谢迟缓，心血未畅，此时感阳而心脏激动，血脉往往受阻，而人多有梗阻而暴病者。故此长夏节气利通心经。心经茶不二之选乃梵金黄茶。

采桑子 新制黄茶梵金髻

锦銮玉帐阶前月
醉满金樽
兴满金盆
一盏金汤万事泯

堂皇国色雍容气
才使通唇
即使通身
此物通心始信真

黄茶，盛唐时人最爱者也。君山、蒙顶，皆出黄茶。黄茶之名，世人少知之者，谓其与绿茶稍异。更有茶友问我，黄茶比之绿茶，仅半干之时多一道包发而已，何加焉，而独成一类？殊不知，黄茶与绿茶气脉迥异，味觉近绿茶者非黄茶佳品也，所多者岂止一道工艺哉！半干氧化之法，使茶中生成茶黄酮而为黄茶。绿茶气走太阳，而黄茶气走少阴。枸杞富有少阴之气，故少阴气通枸杞之味，黄茶入口有枸杞味者为上品也。然则世罕有气正味纯之黄茶。霍山黄芽、蒙顶黄汤，绿茶之寒未除。君山金砖、高知碁石，黑茶之苦多生。未遇有黄茶合我心意者。

恰友袁国良于贵州梵净山中扶贫,得保护区绝佳茶种,开梵金茶厂。我因与其共制黄茶,屡试乃成。此茶叶形自然卷曲如髻,干茶糯香扑鼻,出汤金光灿灿,其味若枸杞,久泡甘甜不绝。其少阴气甚,入口心动,随即血脉通畅,血糖下降,顷刻有饥饿感。我得意之,多试饮于诸友,品之者皆赞不绝口。

十四行诗 闷黄工艺

这就是规则　并不如你所想
鱼儿下沉　大雁却已高飞
那一片叶子尽力地洋溢着芬芳
还是我一次次为你回归

任你如何表现都将被摊晾
在最柔软时杀灭最后一丝活力
然后生活尽情揉捻你的脊梁
直到你把所有妄念都忘记

于是我们被世界紧紧地压在一起
以相濡以沫的方式制造热量
美好心情的酝酿利用了有限的氧气
以及过分躁动的青春印象

从未想见的经历后　从未想见的浓香
这就是我给你心间带来的金色流光

江口梵净山

黄茶是唐代贵族中流行的茶类,“唯上贡”。据载文成公主入藏特地带上灉湖黄茶。唐时黄茶传为神仙茶,高僧皎然喻之为缃花，言饮用之后心经通畅，体轻如仙。相传如以君山白鹤泉冲泡，茶汤中腾起白雾如仙鹤，对饮者三点头。五代战乱时期黄茶工艺失传，人皆究白鹤泉枯竭。自明代至近代茶人努力恢复黄茶工艺，但由于原理不明，技术不精，都远未达到传说中的唐代效果。中国浦东干部学院对口扶贫贵州江口县。该县大部分区域是梵净山自然保护区，唯一的经济产业是茶叶。精准扶贫团队在科学规划指导下，致力研发黄茶工艺。根据负氧离子转化茶黄酮的科学原理以及中医茶道阴阳气脉的哲学原理，于二〇一七年春成功复原了唐代黄茶工艺，并获得了中国茶博会金奖。

黄茶性热味甘，气属少阴，通手少阴心经，因此有强心活血的功效，可急速降糖。这应该是其中的黄酮类物质可以分解血糖的原因。干茶有浓郁的炒枸杞芽的香味，因枸杞通少阴气。

冲泡出汤呈金黄色，饮用第一杯，心脏下尖气胀如种子发芽，这是心经的起点开始充气。第二杯后，眼下面部潮红，这是气血行至心经末梢四白穴。稍后数杯，额头发汗，以致后背汗透，身体顿觉轻松。这是血糖降解，反应过程中产生热量，降解产物和热量通过发汗排出体外的结果。黄茶属于阴茶，阴气内收，越陈越好，应该干燥、密封、常温保存且需要金属接触才能更顺利转化，可能是因为游离电子撞击黄酮分子，使其上基团随机脱落，使黄酮种类更丰富，功效更全面。因此最合适的容器是锡罐，也可用其他金属密封罐。直接用金属电水壶煮沸，而后闷10分钟以上，滋味和气感最佳。如果结合茶艺表演，最适宜于气密性好的厚胎白瓷壶，取3—6克干茶，用95℃以上沸水焖泡5—10分钟，即可出汤，汤色以金黄色为准。也可用保温杯焖泡。

十四行诗 **梵金黄茶**

神奇的力量就在你的心尖上
当春雷响起　种子无法抑制要冲破种皮
哪怕要耗尽前生的力量
为了解开心结而费尽心机

有多少人被束缚在种皮里
无数放纵的诱惑让你失去萌发的能力
眼耳口鼻心意怎么可以关闭
觉醒吧　为了那个人而热血涌起

这一盏金黄的液体可以映透多少个世界
我们还有什么理由在人间绑架自己
伸出火热的小指　承诺再也不会寂灭
从心开始的路线可以穿破天际

淋漓的热汗是积攒千年的春雨
我们眼底每一抹朝霞都是最美的诗句

减字木兰花 偶品清代古黄茶

冰瓶轻破
云梦前朝因谁个
柯布离残
也喜重还也怕寒

香痕不似
沥血犹能留锦字
一叶依稀
识我真心知我痴

近日在绿雪芽庄园实验分析各种茶类的归经性质。庄园主人林有希、施丽君伉俪，将珍藏多年的各种老茶取出以供分析，惊喜迭出！其中有一款茶，竟是从一清代茶罐中启封偶得的。干茶浓褐色，结成鸡蛋大团片，上有灰斑，闻之略有仓味。众人都说或是普洱。我前已试三十年红转白茶，三焦经与脾经尚明，不可再测，故使者斌测之。略洗一遍，仓味去。再闷，出汤橙红透亮，如血珀。闻之，气味辗转难辨。急使者斌饮，一杯肝经隐现，二杯心经顿明，三杯心包经丝绕。众人惊叹：黄茶！我索半杯品，果然舌齿间幽幽杞甜，与我做的新黄茶深煮半日之味略似。取叶底观，虽大而多折破，皆同类第一叶，无丝毫芽梗，此乃黄茶独佳之料。翌日，者斌还说茶香犹在口，茶气犹在小鱼际。赞叹不已，前清所遗黄茶，原料精选，工艺细致，已逾百年，而茶气尤佳。若非所用容器不宜，使厥阴黑茶肝经心包经气略生，则可登峰造极。此茶幽藏百年，记留心字，莫非就是等我今夜来读。

寿眉

性凉

红枣香

足太阴脾经

大寒

五绝 二〇〇八年寿眉

醉太平 寿眉

浣溪沙 大武紫眉

五绝 绿雪芽夜测老茶

一候鸡乳，二候征鸟厉疾，三候水泽腹坚。

寒气之逆谓之大寒，乃一年中最严酷之节气，便是鹰隼亦亟须补充营养以增强免疫力。

增强免疫力、抵抗严寒侵袭，乃大寒养生之首务。脾脏乃人体免疫系统之关钥，健脾之大叶白茶老寿眉，为大寒饮用不二之选。

五绝 二〇〇八年寿眉

日移元夜近
阴极一阳升
愿此清辉色
流成普世澄

中国之国粹，倘落于物上，可数瓷、丝、茶，而茶应为三者中最接地气者。茶之道，源远流长，博大精深，世上本无可与中国匹敌者。然则，近年国人提及茶道必曰日本，而饮茶多用立顿，国茶何萎靡也。须知，日本之茶道，实则茶艺耳，何道之有；立顿茶包，茶渣碎屑，更无可圈点。国人好之，咄咄怪事！吾幸结交茶友，品鉴国中佳茗，访茶园，读茶经，始知茶之性味六分，方悟茶气阴阳各异，应六时晴昃，顺四方黎民。一阴一阳之谓道。不弘其道，不善其物。悲乎！中国之茶道，不弘久矣！

众人饮茶，以绿茶为多，偶或有红茶、青茶、黑茶。绿茶者太阳气也，青红二茶亦皆阳。世人饮茶壮阳过度，而滋阴不足。阴阳不谐，何以为善焉？故多饮绿茶者，往往肠胃不适，睡眠不安。阳盛必以阴补之，唯白茶有太阴气，其性最柔，其味甘美，最可调谐世人阳盛之偏颇，乃茶中女神也！白茶素调节免疫，健脾通肺，可谓神矣！

吾欲弘扬中华茶道，必以白茶始！惜白茶仅闽东、滇南出产，又须长年氧化方成气候，其价颇高。好茶者多居奇货以待沽，民众几无缘一面，更无可饮。幸者，茶楼得一批二〇〇八年之寿眉，气味精纯，老白茶之上品也！吾正可以其弘道。遂分小包，标明性味及贮藏烹制之法，去九年增值之利，与身边同事朋友分享。经月余，未有不爱之者！皆叹世上竟有此种奇茶。吾欲使人皆知大道阴阳和谐之美，以信中华文化之博大善纯，进而普利世人。愿此白茶之行，可为之始也！

醉太平 寿眉

鳞鳞葛衣
修修白眉
分明高士风仪
藐秋鸿爪泥

融融暖晖
柔柔醴饴
依稀慈母情思
盼香花马蹄

夫茶道、诗词、书法三者，中华传统文化之精华也！然究其本，皆阴阳和谐之道也。书法，求疏密有致，张弛有度，阴阳相济也；诗词，求平仄和谐，对仗粘连，阴阳相济也；茶道，求阳茶阴泡，阴茶阳煮，阴阳相济也。

辰时，以太阳气之绿茶开场，利尿提神；巳时，以太阴气之白茶进入高潮，健脾通肺；其后各时辰继以黄、红、青、黑各款佳茗。白茶一道，我必推九年陈之老寿眉。诸友多不识白茶者，谓常品安吉白茶，未觉其神也。今方见寿眉，皆惊异，始知此真白茶也，非安吉之白汤绿茶。绿茶为未发酵之阳茶，而白茶则为干热慢发酵之阴茶，相去远矣。

白茶气属太阴，阴茶阳藏，故须日晒保存才可发酵生成白茶素，以日光之阳气，方可养其太阴气，此阴阳相生之理也。太阳绿茶,冲泡水温不可高,谓之阴泡;太阴白茶,则必于壶中煮沸方可饮用,谓之阳煮。此亦阴阳和谐之理也。

寿眉取枝头厚实芽叶,凋萎发酵,其叶如葛衣,其芽如白眉,仿佛隐士高人,此形之奇也。烹煮之后,糯香四溢,满室芬芳,闻之令人有归家伴母之感,此嗅之奇也。浓汤入口,柔顺滑腻,毫无戾气,暖意萦怀,回甘如枣,此味之奇也。

白茶之奇,最在其功效。太阴气入脾经肺经,故白茶能健脾通肺。脾者,免疫系统之关钥也,白茶之健脾,实则为白茶素增强免疫之效也。故内能调脾胃以健身,外能通肺气以御病。以此,白茶岂非至宝哉! 而白茶素之生成,必须使白茶于干热下缓缓发酵,积年而成,不可稍急。故制寿眉白茶须取多筋老叶。多筋老叶发酵速度缓于嫩芽,其效易成。

福建福鼎出白茶,芽尖成茶曰白毫银针,其量少而价高;早春嫩叶成茶曰白牡丹;唯老叶成茶曰寿眉,相比前二者价略低。我独喜寿眉之温润可人,盖叶老而气缓,其味固醇。圣人不贵难得之货。物之贵,或因其少,然则货多价低,亦可有物美者,有如此寿眉。

浣溪沙 大武紫眉

洗尽人间粉墨簪
峰峦独上紫天南
瑶台醉饮梦将酣

酽酽三杯江汉水
翩翩两袖汉唐衫
醒来犹是故乡甜

曾一士，文正公后人也，热衷两岸交流，弘扬中华文化，后创建中华文化研究组织，特设茶叶研究所，以推动中国茶叶研制和中华茶道发展。研究所由茶界圣手陈文章先生亲任所长，所出颇丰。台南屏东县境内，有南台湾第一高峰北大武山，山势如劈；山中草溪林海，云嶂雾峦。日据时代发现峰峦间有古茶树数株，经测乃唐宋之逸种，遂录册为珍。唯有布农族老猎手能入山采此千年古茶。百多年来，屡有茶师试制，因树过古，未尝有成茶者。今者陈公之茶研所，独得采制之权，于早春扚古树初生之紫芽，制成寿眉白茶，年得十五斤，谓之大武紫眉。其茶叶紫如貂皮，芽香若蟠桃，汤亮近血珀，气醇似醴浆。以沸水焖煮，出汤渐浓，饮之右足拇趾热气顿生，太阴气直上天溪。若之前有食不化者，浊气顿时反出，神志一清，此足太阴脾经贯通，脾之运化功效也。故知此茶太阴脾经气之纯正刚猛。初试此茶，我于瓷壶中置三克茶叶冲泡，与友人饮五六轮而罢，次日再泡，隔日再品，其味未绝。五日后，茶汤无色，取余叶投入铁壶煮沸，出水甘甜之极。千年之树，于宝岛仙山受日月精华久，已有仙气乎？茶有神者当如此！

五绝 绿雪芽夜测老茶

夜浅风渐气
茶陈水有香
寻寻清澈意
一握尽豪光

绿雪芽白茶庄园于一九九四年压成白茶第一饼，为紧压饼。白茶紧压，其气渐转厥阴，久而生陈香，化为黑茶。今夜有幸品此茶，果然气走心包经，须臾掌心热汗。以仪器测之，心包尽热矣，而白茶之脾经气荡然无存。妙哉造化！此白茶转黑茶，非寻常黑茶之味可拟，清澈之意，另有一境。

附录

茶道三字经

中国茶　神农造　六千年　是良药

唐陆羽　写茶经　茶之美　叩心灵

炮制法　多演化　宜于人　留六大

红青绿　是阳茶　杀青前　气已佳

阳易散　难久存　冲饮时　汤宜温

黄黑白　是阴茶　杀青后　再转化

阴易收　久愈香　可烹煮　如琼浆

好茶园　在高山　云雾中　甘泉边

君子种　烂石间　少女摘　芽叶纤

清明采　谷雨收　早春茶　气最稠

天地人　三才气　入阴阳　成六艺

太阳绿　太阴白　日月光　天然晒

阳明青　人摇彻　厥阴黑　人捣笃

少阳红　渥堆厚　少阴黄　扣地久

采须时　造须精　存茶法　须分明

阳茶封　阴茶养　因正气　反阴阳

绿茶冰　太阴凝　白茶晒　太阳溉

青茶低　厥阴栖　黑茶高　阳明飘

红茶陶　少阴葆　黄茶锡　少阳激

六类茶 成分异 识功效 辨香气
气归经 分六脉 入脏腑 体通泰
绿茶寒 菊豆香 提神志 畅膀胱
白茶凉 梨枣气 健脾肺 强免疫
青茶平 兰桂芳 排毒素 清胃肠
黑茶中 柑参浓 安心神 肝郁空
红茶温 葡可甜 可利胆 可养颜
黄茶热 楂与杞 心血活 肾盂洗
茶虽好 不混饮 气怕冲 人易病
日出作 日落息 饮诸茶 时当切
辰时明 绿茶清 巳时繁 白茶安
午时重 黄茶通 未时酽 红茶欢
申时滞 青茶斥 戌时隐 黑茶宁
阴脉实 当令饮 阳脉虚 补五行
子午流 昼夜静 四季换 寒暑平
春阳生 红茶引 夏暑闷 绿茶醒
秋风严 青茶敛 冬雪扬 黑茶藏
交季间 天气乱 品黄茶 度险关
疫无常 身永健 备白茶 四季全
阴阳和 茶道顺 此茶道 可养人
上道法 下术器 传中华 千万季

图书在版编目(CIP)数据

二十四节气茶事/紫晨著. —上海:上海科技教育出版社,2021.1(2024.8重印)

ISBN 978-7-5428-7374-3

Ⅰ.①二… Ⅱ.①紫… Ⅲ.①二十四节气-关系-茶文化-中国 Ⅳ.①TS971.21

中国版本图书馆CIP数据核字(2020)第202466号

责任编辑 林赵璘 伍慧玲
装帧设计 杨 静

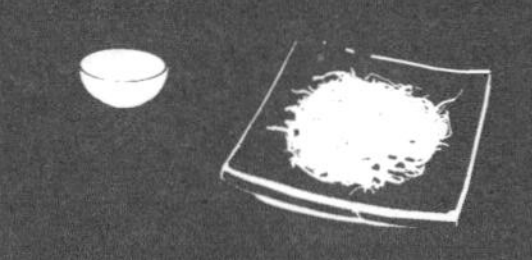

二十四节气茶事
紫 晨 著

出版发行 上海科技教育出版社有限公司
(上海市闵行区号景路159弄A座8楼 邮政编码201101)
网 址 www.sste.com www.ewen.co
经 销 各地新华书店
印 刷 上海颛辉印刷厂有限公司
开 本 890×1240 1/32
印 张 6.5
版 次 2021年1月第1版
印 次 2024年8月第10次印刷
书 号 ISBN 978-7-5428-7374-3/G·4330
定 价 48.00元